土木工程测量学研究

吕圆芳　著

吉林科学技术出版社

图书在版编目（CIP）数据

土木工程测量学研究 / 吕圆芳著. -- 长春：吉林
科学技术出版社，2024. 6. -- ISBN 978-7-5744-1425-9

Ⅰ. TU198

中国国家版本馆 CIP 数据核字第 2024DU2035 号

土木工程测量学研究

著	吕圆芳	
出 版 人	宛 霞	
责任编辑	靳雅帅	
封面设计	树人教育	
制 版	树人教育	
幅面尺寸	185mm×260mm	
开 本	16	
字 数	310 千字	
印 张	14.25	
印 数	1~1500 册	
版 次	2024年6月第1版	
印 次	2024年12月第1次印刷	

出 版　吉林科学技术出版社
发 行　吉林科学技术出版社
地 址　长春市福祉大路5788 号出版大厦A 座
邮 编　130118
发行部电话/传真　0431-81629529 81629530 81629531
　　　　　　　　　81629532 81629533 81629534
储运部电话　0431-86059116
编辑部电话　0431-81629510
印 刷　三河市嵩川印刷有限公司

书 号　ISBN 978-7-5744-1425-9
定 价　83.00元

前　言

　　土木工程测量学作为土木工程领域的重要组成部分，其研究涉及土地测量、工程测量、地形测量等多个方面。在工程建设中，测量不仅仅是获取地理信息的手段，更是工程设计、施工和管理的重要依据。随着社会的发展和工程项目的复杂性增加，对于土木工程测量学的需求也日益增强。

　　土木工程测量学在工程领域的应用不仅仅是简单的数据采集，更涉及地理信息系统（GIS）、全球导航卫星系统（GNSS）、遥感技术等现代技术手段的整合应用。在城市规划、基础设施建设、环境监测等方面，土木工程测量学的研究对于提高测绘精度、减少工程风险、保障施工安全具有重要的现实意义。

　　本书旨在为土木工程领域提供一份系统性、实用性的土木工程测量学研究成果。我们期待通过这项研究，为土木工程领域的专业人才、工程师和决策者提供全面、深入的测量学理论和实践指导，为保障工程质量、提高工程效益、推动土木工程领域的创新与发展贡献力量。在科技不断进步、工程日益复杂的时代，土木工程测量学将在更广泛的领域发挥更为重要的作用，本研究也将为这一方向的研究提供有益的启示。

目　录

第一章　土木工程测量学基础理论

第一节　土木工程测量学的定义与发展历程

一、土木工程测量学的定义与范畴

土木工程测量学是土木工程领域中的一门基础学科，其主要任务是通过采用各种测量方法和技术，对地表和地下进行精密测量、分析和记录，以获取与土木工程相关的空间信息。这些信息对于规划、设计、施工、监测和维护土木工程项目至关重要。土木工程测量学涉及广泛的范畴，包括测量仪器的使用、地理信息系统（GIS）的应用、工程测量学的原理和方法等多个方面。

（一）土木工程测量学的定义

土木工程测量学是一门研究土木工程项目中空间位置和形状的测量科学。通过运用数学、物理学和工程学的原理，土木工程测量学帮助工程师和规划者获取准确、可靠的地理信息，以支持土木工程项目的各个阶段。土木工程测量学主要关注地表和地下测量，包括水文测量、地形测量、建筑物测量、道路测量等多个方面。

（二）土木工程测量学的范畴

地表测量：土木工程测量学最基本的任务之一是对地表进行测量。这包括测量地形、地貌、土地利用等信息。地表测量对于工程规划和设计至关重要，能够提供准确的地理数据，以支持工程项目的可行性分析和土地利用规划。

建筑物测量：在土木工程中，建筑物的精确测量对于设计、施工和维护都是必要的。土木工程测量学涉及建筑物的平面和立面测量，以及建筑物内部空间的三维测量。这些数据对于设计师和建筑师在规划和设计过程中具有指导作用。

工程测量学：工程测量学是土木工程测量学的一个重要分支，主要涉及工程项目中的测量任务。这包括测量施工现场的各个要素，监测工程施工过程中的变形和变化，以及验证工程设计的准确性。工程测量学的应用范围广泛，涉及土木工程项目的各个方面。

水文测量：土木工程中常涉及水文学，而水文测量是土木工程测量学的一个重要组成部分。这包括测量河流、湖泊、水库等水体的水位、流速、流量等参数。水文测量的数据对于水资源管理、防洪工程设计等方面具有重要意义。

地下测量：土木工程不仅涉及地表工程，还包括地下工程，如隧道、地下管线等。地下测量主要用于获取地下结构的空间信息，以支持地下工程的设计和施工。这涉及地下空间的三维测量、地质勘探等方面。

地理信息系统（GIS）：土木工程测量学与 GIS 的结合是近年来的一个重要趋势。GIS 是一种集成地理空间数据的系统，通过土木工程测量学获取的空间信息可以被整合到 GIS 中，为决策者提供更全面、准确的地理信息。

先进测量技术：随着科技的发展，土木工程测量学还涉及一系列先进的测量技术，如全球卫星导航系统（GNSS）、激光扫描技术、无人机测量等。这些技术的应用使得土木工程测量更加高效、精确。

（三）土木工程测量学的重要性

项目规划与设计：土木工程测量学为工程项目的规划和设计提供了必要的地理信息。准确的地表和地下测量数据是设计师制定工程方案的基础。

施工和监测：在工程施工阶段，土木工程测量学的任务是监测工程的进展和变化。通过实时测量数据，工程管理者可以及时调整施工计划，确保工程按照设计要求进行。

质量控制：土木工程测量学在工程的各个阶段都发挥着质量控制作用。通过对测量数据的分析，可以发现潜在的问题并及时进行纠正，确保工程的质量。

土地管理：土木工程测量学提供了土地利用规划所需的地理信息，有助于合理利用土地资源，推动城市和农村的可持续发展。

环境监测：土木工程测量学在水文测量、地下水位监测等方面的应用，有助于监测环境变化，提前预警可能的自然灾害，保护生态环境。

（四）土木工程测量学的方法与技术

经典测量方法：包括传统的链测、经纬仪测量、水准测量等。这些方法虽然在一些场合已经逐渐被现代技术替代，但在一些特殊情况下仍然具有一定的应用价值。

全球卫星导航系统（GNSS）：利用卫星信号进行定位和测量，提供了高精度的空间数据。GPS（全球定位系统）是其中最常用的系统之一，已经广泛应用于土木工程测量中，包括工程测量、导航和地理信息系统。

激光扫描技术（LiDAR）：通过激光束扫描地面，获取大量的点云数据，可以用于制作高精度的地形图、建筑物模型等。LiDAR 技术在城市规划、环境监测和道路设计等方面有着广泛应用。

无人机测量：无人机搭载测量仪器，可以进行空中摄影测量、激光扫描等工作。无人机测量在大型土木工程项目的勘测、监测和施工中具有灵活性和效率的优势。

地理信息系统（GIS）：GIS 集成了空间数据、地理信息和属性数据，为土木工程提供了一个全面的数据管理和分析平台。通过 GIS，工程师可以更好地理解空间关系，做出更明智的决策。

卫星测高：利用卫星进行高程测量，如雷达高程测量技术，可提供大范围的高程信息，对于大规模土木工程项目的高程控制具有重要作用。

地下雷达（GPR）：地下雷达技术可以用于地下结构的探测，如管线、地下隧道等。它通过发送雷达信号并接收反射信号来获取地下结构的信息。

数字摄影测量：利用数字摄影技术获取高分辨率的影像数据，可用于地表特征的提取、三维建模等应用。

土木工程测量学作为土木工程领域中的重要学科，不仅在工程规划、设计、施工等阶段起着关键作用，而且随着科技的不断进步，其方法与技术也在不断创新。通过对地表和地下进行精密测量，土木工程测量学为工程项目提供了可靠的空间信息，为工程的成功实施和可持续发展提供了支持。未来，随着技术的不断演进，土木工程测量学将继续发挥重要作用，并在更多领域展现出其巨大的潜力。

二、土木工程测量学的发展历程与重要里程碑

土木工程测量学作为土木工程领域的一个重要分支，其发展历程涵盖了几个世纪，经历了从传统测量方法到现代高科技测量技术的演进。以下是土木工程测量学的发展历程和一些重要里程碑。

（一）古代测量学的萌芽（公元前 3000—公元前 500 年）

古埃及测量学：古埃及是测量学的发源地之一，其在公元前 3000 年左右就已经建立了测量系统。古埃及人运用简单的几何学原理，通过日晷等工具进行土地测量，用于农业和建筑规划。

古巴比伦测量学：古巴比伦文化也有着丰富的测量传统，主要应用于土地测绘、建筑和灌溉工程。他们使用了类似三角测量的方法来确定土地边界和测量建筑物的尺寸。

古希腊测量学：古希腊哲学家毕达哥拉斯提出了著名的毕达哥拉斯定理，为三角测量提供了理论基础。古希腊人也运用测量技术建立了一系列众所周知的建筑，如巴斯剧场和帕台农神庙。

（二）中世纪的测量学进展（500—1500 年）

罗马土木工程学传统：罗马工程师在建造道路、桥梁和水道方面取得了显著成就。他们使用了测量仪器，如测量锤和水准仪，以确保工程的水平和垂直度。

地图制作的兴起：中世纪时期，地图制作成为欧洲各地的一项重要活动。著名的托勒密地理学著作促进了地图的发展，而世界各地的航海家通过测量和制图改进了导航技术。

大地测量学的初步探索：一些科学家开始研究大地测量学，试图理解地球的形状和大小。这一时期的研究为后来的地球测量学奠定了基础。

（三）现代测量学的崛起（17—19 世纪）

理论测量学的兴起：17 世纪，理论测量学开始成为一个独立的学科，欧洲的科学家们提出了更为系统和精确的测量方法。约翰·皮卡德（Jean Picard）是其中的代表，他通过三角测量测定了地球的周长。

尺度制定与度量单位标准化：在 18 世纪，法国科学家儒勒·凡尔纳（Jean Baptiste Joseph Delambre）和皮埃尔·梅让·夏尔·弗朗索瓦·比卡尔（Pierre Méchain）合作测定了巴黎至巴塞尔的子午线弧长，为度量单位的标准化提供了基础。

大地测量学的发展：19 世纪，大地测量学得到了显著发展，科学家们通过使用更先进的仪器和更为复杂的数学模型，对地球的形状和尺寸进行了更准确的测量。

（四）20 世纪的技术革新（20 世纪初—20 世纪末）

全球定位系统（GPS）的发明：20 世纪 70 年代末，美国启动了 GPS 项目，引领了卫星导航技术的发展。GPS 的应用在土木工程测量中起到了革命性的作用，为工程测量提供了高精度的定位数据。

电子测距仪的应用：随着电子技术的迅猛发展，20 世纪中叶以后，电子测距仪广泛应用于土木工程测量。这些仪器提高了测量的精度和效率。

激光扫描技术的兴起：激光扫描技术（LiDAR）在 20 世纪末和 21 世纪初崭露头角，通过激光束扫描地面，生成高密度的点云数据。LiDAR 技术在土木工程领域被广泛应用于数字地形建模、建筑物测量等方面。

卫星影像和遥感技术：卫星影像和遥感技术的发展为土木工程测量提供了更广阔的视野，能够获取大范围、高分辨率的地表信息，支持规划、监测和管理。

土木工程测量学的发展历程见证了人类对于空间信息的不断追求和技术的创新。从古代文明的简单测量工具到现代高科技测量手段，土木工程测量学一直在为工程项目的规划、设计、施工和管理提供不可或缺的支持。随着科技的不断进步，未来土木工程测量学将面临更多挑战，但也将借助新技术和创新不断拓展其应用领域，为人类创造更安全、更可持续的建设环境。

三、土木工程测量学的学科体系

土木工程测量学是土木工程领域的一门重要学科，它主要关注地表和地下空间的测量、分析和记录，以获取与土木工程相关的空间信息。土木工程测量学的学科体系包括多个层面，涵盖了广泛的知识领域和技术应用。以下是对土木工程测量学学科体系的详细探讨。

（一）基础理论与方法

测量学基础：包括测量学的基本原理、精密测量的数学基础、误差理论等。测量学基础为土木工程测量提供了理论支持，确保测量结果的准确性和可靠性。

地理信息系统（GIS）：GIS 是土木工程测量学中的关键概念，涵盖了空间数据的采集、存储、分析和展示等方面。学科体系中包括了 GIS 的原理、数据模型、地理空间分析等内容。

数学和物理学：数学和物理学是土木工程测量学的基础，包括三角学、几何学、线性代数等数学知识，以及光学、力学等物理学原理，这些知识对于测量仪器和测量方法的理解至关重要。

计算机科学：计算机科学在土木工程测量学中的作用日益突出，包括计算机辅助设计（CAD）、计算机辅助测量（CAM）、数据处理和算法设计等方面。

（二）测量仪器与技术

经典测量仪器：如经纬仪、水准仪、光学测距仪等传统仪器，它们是土木工程测量的基础工具，用于测量地表和建筑物的位置、高程等信息。

全球卫星导航系统（GNSS）：GNSS 技术包括 GPS、GLONASS、BeiDou 等卫星导航系统，为土木工程提供高精度的定位服务，广泛应用于工程测量中。

激光扫描技术（LiDAR）：LiDAR 技术通过激光束扫描地面，生成高密度的点云数据，用于地形测量、建筑物测量和环境监测等方面。

无人机测量：无人机搭载测量仪器，可以进行空中摄影测量、LiDAR 测量等工作，提供了高效、灵活的测量解决方案。

卫星遥感技术：卫星遥感技术通过卫星获取地球表面的影像，广泛应用于土木工程的资源调查、土地利用规划等方面。

（三）工程测量学

基础工程测量学：包括平面测量、高程测量、方位测量等基本测量技术，是土木工程测量学的核心内容。

建筑物测量：专注建筑物的测量和三维建模，包括建筑的平面布局、立面图绘制、建筑结构的测量等。

道路和桥梁测量：涉及道路和桥梁工程中的各种测量任务，如道路设计、桥梁结构测量等。

隧道测量：涉及隧道工程的测量和监测，包括隧道地质测量、隧道轴线布设、隧道变形监测等。

水文测量：涉及水体测量、水流测量、水库测量等，用于水文学和水资源管理。

环境测量：包括环境监测、空气质量测量、土壤测量等，用于评估土木工程对环境的影响。

（四）大地测量学

大地测量学基础：包括椭球面地球模型、大地测量的数学理论、大地水准线的确定等基础内容。

大地测量技术：包括大地测量网的建设、大地测量仪器的使用、大地测量数据处理和分析等技术。

大地形变监测：用于监测地球表面的形变，包括地壳运动、地震活动等，对于工程安全和灾害预警具有重要意义。

（五）先进技术与新兴领域

高精度定位技术：包括实时动态定位系统（RTK）、差分GPS等高精度的定位技术，用于提高测量精度。

虚拟现实（VR）和增强现实（AR）：应用于工程设计、规划和培训中，通过虚拟和增强的方式提供更直观的空间信息。

（六）智能化和自动化技术

运用人工智能、机器学习等技术，实现测量数据的自动化处理、模式识别、预测分析等，提高测量工作的效率和准确性。

大数据与云计算：大数据技术用于存储和处理庞大的测量数据集，而云计算为实现数据的共享和协同提供了平台，支持多方数据的集成应用。

区块链技术：区块链技术在土木工程测量中可以用于确保测量数据的可信度和安全性，提高数据的可追溯性和透明性。

可持续发展与环境监测：结合测量技术实现对土木工程项目的环境影响的监测和评估，以支持可持续发展的理念。

室内定位与导航：应用于大型建筑物、室内空间的定位和导航，为室内工程和场馆管理提供支持。

社会化测量与公众参与：利用社交媒体、公众手机数据等手段，实现对土木工程领域的实时监测和公众参与，增强社会对工程项目的透明度和参与度。

（七）学科交叉与应用领域

土木工程学：土木工程测量学是土木工程学的重要分支，为土木工程提供了空间信息和数据支持，涉及道路、桥梁、隧道、水利工程等多个领域。

地理学：土木工程测量学与地理学交叉，通过地理信息系统（GIS）等技术将地理空间信息融入土木工程设计和规划中。

计算机科学与信息技术：土木工程测量学在计算机科学领域的交叉应用日益增加，包括计算机辅助设计、数字化测量、大数据分析等方面。

大气科学与水文学：土木工程测量学在水文学和大气科学中有着广泛应用，用于监测水文过程、气象条件等，为水资源管理和气象灾害预测提供支持。

环境科学与工程：土木工程测量学在环境监测与评估方面与环境科学和工程学相互交融，为环境保护和可持续发展提供数据支持。

总体而言，土木工程测量学的学科体系在不断拓展和深化，应用范围逐渐涵盖了更多领域。未来，随着技术的不断创新和学科交叉的深入，土木工程测量学将继续发挥关键的作用，为建设更安全、更可持续发展的城市和基础设施提供坚实的空间信息支持。

第二节　测量学基础概念与原理

一、测量基本概念解析

测量是一门广泛应用于各个领域的科学与技术，它是通过对事物进行观察、收集和处理数据，从而得出相应的信息和结论的过程。测量的基本概念贯穿于数学、物理学、工程学等多个学科，对于科学研究、工程设计、质量控制等方面都具有重要作用。本书将对测量的基本概念进行解析，涉及测量的定义、基本要素、误差与精度、测量方法等方面。

（一）测量的定义

测量是通过某种手段获得或表达某一对象或现象特征值的过程。测量的本质是对事物进行观察、记录和分析，以获取有关事物状态或特性的信息。测量在科学、工程、经济、社会等领域都有着广泛的应用，是获取客观数据的基本手段之一。

1.测量的目的

测量的目的主要有以下几个方面。

获取信息：通过对事物进行测量，获取其特征值、属性、状态等信息，以便更好地了解和研究事物。

控制质量：在生产和工程领域，测量用于控制产品的质量，确保产品符合规格和标准。

导航与定位：在导航和地理信息领域，测量用于确定位置、方向和空间关系，如全球卫星导航系统（GPS）。

科学研究：在科学研究中，测量是实验的基础，通过测量可以验证理论、建立模型，推动科学的发展。

2. 测量的特点

客观性：测量是对客观存在的事物特征的量化表示，与主观因素无关。

准确性：测量结果应尽可能接近被测量对象的真实特征，具有一定的准确性。

可重复性：同样的测量条件下，测量结果应该是可重复的，即在相同条件下重复测量应得到相似的结果。

标度性：测量结果通常需要采用一定的标度或单位来表示，以便进行比较和分析。

（二）测量的基本要素

测量是一个复杂的过程，其中包含了一些基本要素，这些要素构成了测量的基础。以下是测量的几个基本要素。

1. 测量对象

测量对象是指被测量的事物或现象，可以是长度、重量、温度、时间等各种性质的物理量。测量对象的选择与测量目的密切相关，不同的测量对象需要采用不同的测量方法。

2. 测量工具

测量工具是用于进行测量的设备或仪器，如尺子、电子秤、温度计、卫星导航仪等。不同的测量工具适用于不同的测量对象和精度要求。

3. 测量标准

测量标准是确定测量结果的基准，是一个已知数值的物理量。通过与测量标准进行比较，可以确保测量结果的准确性和可靠性。国际上有许多由各个国家或组织制定的测量标准，如米制单位制度。

4. 测量方法

测量方法是指实际进行测量的步骤和程序，包括测量的操作步骤、仪器的使用方法等。合理选择和使用测量方法对于获取准确的测量结果至关重要。

5. 测量过程

测量过程是指从测量对象到最终测量结果的整个操作流程，包括测量的准备、操作、数据处理和结果分析等阶段。一个完整的测量过程应该是科学、合理和可靠的。

（三）误差与精度

在测量过程中，由于各种原因，测量结果与被测量对象的真实值之间会存在一定的差异，这种差异即为误差。误差是测量中不可避免的因素，了解误差的产生和控制对于提高测量的精度至关重要。

1. 误差的分类

系统误差：是由于测量仪器、环境条件等因素导致的一类固定的、有方向的误差，其方向和大小在一系列测量中基本不变。

随机误差：是由于无法完全控制的因素引起的，其产生的原因是随机的，其大小和方向在不同测量中是不同的。

2. 精度与准确度

准确度：表示测量结果与真实值之间的接近程度，是一个反映测量精度的指标。准确度高意味着测量结果更接近真实值，准确度通常由误差大小来评价。

精度：是指一组测量值在统计意义上的一致性和稳定性。高精度的测量结果在多次测量中具有较小的离散度，表明测量过程具有较高的可重复性。

3. 误差的控制与校正

误差控制：通过选择合适的测量方法、仪器、环境条件等手段，尽可能减小误差的产生，从而提高测量的准确性。

校正：当已知存在系统性误差时，可以通过校正方法来修正测量结果。校正的目的是减小系统误差，提高测量的精度。

4. 不确定度

不确定度是用于描述测量结果范围的指标，反映了测量结果与真实值之间的不确定程度。它考虑了所有可能的误差来源，包括系统误差和随机误差。不确定度的计算是测量学中的一个复杂而重要的问题，常用于科学研究、工程设计和实验室测量等领域。

（四）测量方法

测量方法是实现测量的具体手段和步骤，不同的测量对象和测量要求需要采用不同的测量方法。以下是一些常见的测量方法。

1. 直接测量法

直接测量法是通过直接观察、读取测量仪器上的刻度或数字，得到测量结果的方法。例如，用尺子测量长度、用卫星导航仪测量位置等。

2. 间接测量法

间接测量法是通过一系列的观测、计算或推断，得到测量结果的方法。例如，通过三角测量法测量高楼的高度、通过测量时间和速度计算距离等。

3. 静态测量法

静态测量法是在被测对象相对静止的状态下进行测量的方法，适用于测量静止或缓慢变化的物理量。

4. 动态测量法

动态测量法是在被测对象存在运动或变化的情况下进行测量的方法，适用于测量速度、加速度等动态物理量。

5. 数学模型法

数学模型法是通过建立数学模型，利用数学工具进行计算和分析，得到测量结果的方法。在工程设计和科学研究中，数学模型法广泛应用于复杂系统的分析和优化。

6. 无损检测法

无损检测法是一种不破坏被测对象的方法，通过检测被测对象的外部特征或内部状态，获取相关信息。常用于材料的质量检测、医学影像等领域。

（五）测量的伦理与法规

在进行测量工作时，需要遵守一定的伦理规范和法规，确保测量的合法性、公正性和可信度。以下是一些与测量相关的伦理和法规方面的考虑。

1. 数据隐私和保密性

在进行测量时，涉及个人或机构的敏感信息，需要确保数据的隐私和保密性。在收集、存储和处理测量数据时，需要遵循相关的隐私保护法规和伦理准则。

2. 公正与公平

测量结果可能对个体或组织的利益产生影响，因此需要确保测量过程的公正和公平。避免主观因素的介入，确保测量过程的客观性。

3. 知情同意

在涉及个体的身体或财产时，需要获得其知情同意。特别是在医学、心理学等领域的测量中，知情同意是保障被测对象权益的重要环节。

4. 法规遵守

在进行测量工作时，需要遵守国家和地区的法规，确保测量活动的合法性。不同领域和行业可能有相关的法规和标准，需要进行详细了解和遵守。

测量作为一门古老而又不断发展的科学与技术，贯穿于各个领域。本书对测量的基本概念进行了解析，包括测量的定义、基本要素、误差与精度、测量方法等方面。通过深入了解测量的基本概念，可以更好地应用测量技术于科学研究、工程设计、生产制造等实际应用中，为人类社会的发展和进步做出更大贡献。在测量工作中，不仅需要注重技术的提升和创新，还需要关注伦理规范和法规遵守，确保测量活动的合法性、公正性和可信度。

二、测量误差与精度

测量是科学、工程和各个领域中不可或缺的一项活动，其准确性和可靠性对于科研、生产和决策具有重要影响。然而，在测量中，由于多种原因，测量结果与真实值之间会存在差异，这种差异即为误差。理解测量误差的产生原因、控制方法以及评估精度的手段，对于提高测量的准确性和可信度至关重要。本书将深入探讨测量误差与精度的概念、分类、控制方法以及评估准则。

（一）测量误差的定义与分类

1.定义

测量误差是指测量结果与被测量对象的真实值之间的差异，它反映了测量的不确定性。误差是测量中不可避免的因素，它可能来自仪器、环境、操作者等多个方面。

2.分类

根据误差产生的原因和性质，可以将误差分为以下两类。

（1）系统误差

系统误差是由于测量仪器、环境条件、观测方法等方面的固定因素引起的误差。这种误差具有一定的方向和大小，且在一系列测量中基本不变。系统误差可以进一步分为以下几种。

仪器误差：由于测量仪器的制造和使用中存在的缺陷引起的误差，如仪器的刻度不准确、仪器的灵敏度变化等。

环境误差：由于环境条件的变化引起的误差，如温度、湿度、气压等环境因素对测量结果的影响。

人为误差：由于操作者的主观因素引起的误差，如读数不准确、操作不规范等。

（2）随机误差

随机误差是由于测量过程中的无法完全控制的因素引起的误差，其产生是随机的，大小和方向在不同测量中是不同的。随机误差通常服从统计规律，可以通过多次测量得到一组测量值，从中得到随机误差的分布情况。

（二）误差的来源与控制

1.误差的来源

（1）仪器误差的来源与控制

刻度误差：由于仪器的刻度不准确导致的误差。控制方法包括定期校准仪器、使用高精度仪器等。

仪器漂移：由于仪器在使用过程中的性能变化引起的误差。控制方法包括定期维护、使用稳定性好的仪器等。

（2）环境误差的来源与控制

温度影响：温度的变化可能导致物体的尺寸、体积等发生变化，从而影响测量结果。控制方法包括在恒温条件下进行测量、使用温度补偿装置等。

湿度影响：湿度的变化可能导致材料吸湿膨胀或收缩，影响测量结果。控制方法包括在相对恒湿条件下进行测量、使用湿度补偿装置等。

（3）人为误差的来源与控制

读数误差：由于读数时的主观判断差异引起的误差。控制方法包括培训操作者、使用数字化仪器等。

操作误差：由于操作者在测量过程中的不规范操作引起的误差。控制方法包括制定严格的操作规程、进行操作培训等。

2. 误差的控制方法

（1）系统误差的控制

仪器校准：定期对测量仪器进行校准，确保仪器的准确性和稳定性。

环境控制：在测量过程中，尽可能控制环境条件，如温湿度等，以减小环境误差的影响。

标定：对于测量系统，建立标定曲线，根据实际情况进行标定，提高系统的准确性。

（2）随机误差的控制

多次测量：通过多次独立测量，得到一系列测量值，从中分析随机误差的分布规律，提高测量的可靠性。

统计方法：利用统计学方法对测量数据进行分析，估计随机误差的范围和概率分布。

（三）测量精度的评估

1. 精度的概念

精度是指测量结果与被测量对象的真实值之间的接近程度，是测量准确性的一个重要指标。在实际应用中，精度是评价测量结果质量的关键因素，直接影响到测量数据的可信度和可用性。

2. 精度的影响因素

精度受到多种因素的影响，主要包括以下几个方面。

（1）仪器精度

测量仪器的精度是指仪器本身能够提供的准确度和稳定性。选择高精度的仪器可以提高测量的精度，但仪器精度也需要通过校准和维护来保持。

（2）测量环境

环境因素如温度、湿度、气压等变化会对测量结果产生影响。在需要高精度的测量中，需要采取措施来控制环境条件，减小环境误差的影响。

（3）操作者技能

操作者的技能和经验对测量精度也有较大影响。良好的培训和规范的操作流程可以提高操作者的技能水平，减小人为误差。

3. 精度的评估方法

（1）标准差法

标准差是一种常用的测量数据分散程度的指标，标准差越小表示测量数据越集中，精度越高。通过对多次测量数据进行统计，计算其标准差可以评估测量的精度。

（2）系统误差与随机误差的分析

通过对测量数据进行分析，区分系统误差和随机误差。系统误差可能需要通过仪器校准等手段进行修正，而随机误差则可以通过统计方法进行评估。

（3）真实值的确认

如果存在已知的真实值，可以通过与测量结果的对比来评估精度。这通常用于标准物质的测量，如化学分析中使用的标准品。

测量误差与精度是测量科学中至关重要的概念，直接关系到测量结果的可靠性和准确性。系统误差和随机误差是误差的两大类别，它们分别受到仪器、环境、操作者等多方面因素的影响。通过对误差的控制和评估，可以提高测量的精度。

三、测量理论与方法

测量作为一门重要的科学与技术，涉及多个领域，包括物理学、工程学、地理学、生命科学等。测量的目的是获取事物的特征值，为科学研究、工程设计、生产制造等提供基础数据。测量理论与方法是支撑测量活动的理论体系和实际操作手段，它不仅涉及测量的基本原理，还包括测量方法的选择、仪器的设计与使用等方面。本书将对测量理论与方法进行深入探讨，涉及测量的基本理论、常见测量方法、仪器的分类与使用，以及测量的发展趋势等方面。

（一）测量的基本理论

1. 测量的定义

测量是通过某种手段获得或表达某一对象或现象特征值的过程。测量的目的是获取有关事物状态或特性的信息，为科学研究、工程设计、质量控制等提供数据基础。测量不仅仅是物理量的数量化，还涉及空间关系、时间变化等多个方面。

2. 测量的基本原理

（1）可重复性原理

测量的结果应该是可重复的，即在相同条件下重复测量应得到相似的结果。这个原理保证了测量的可靠性，使得其他人在相同条件下可以重复测量并得到相似的结果。

（2）精确性原理

测量的结果应尽可能接近被测量对象的真实特征，具有一定的精确性。通过仪器的精确校准、合理的测量方法等手段，可以提高测量的精确性。

（3）可追溯性原理

测量结果应该可以追溯到国际或国家的标准。建立在共同认可的标准基础上的测量结果具有普适性，可以在不同实验室和不同时间之间进行比较。

3.测量的基本要素

（1）测量对象

测量对象是指被测量的事物或现象，可以是长度、质量、温度、时间等各种性质的物理量。

（2）测量工具

测量工具是用于进行测量的设备或仪器，如尺子、千分尺、天平、测温计等。

（3）测量标准

测量标准是确定测量结果的基准，是一个已知数值的物理量。通过与测量标准进行比较，可以确保测量结果的准确性和可靠性。

（4）测量方法

测量方法是指实际进行测量的步骤和程序，包括测量的操作步骤、仪器的使用方法等。

（5）测量过程

测量过程是指从测量对象到最终测量结果的整个操作流程，包括测量的准备、操作、数据处理和结果分析等阶段。

（二）常见测量方法

1.直接测量法

（1）尺度测量

尺度测量是通过直接读取尺度上的刻度值来得到长度、高度等物理量的方法。例如，使用尺子或千分尺测量一根杆的长度。

（2）天平测量

天平测量是通过比较被测物体和标准物体的质量来得到质量值的方法。天平的基本原理是质量相等的物体在天平上平衡。

2.间接测量法

（1）三角测量法

三角测量法是一种通过测量三角形的边长和角度来确定物体之间的空间位置关系的

方法，广泛应用于地理测量、建筑测量等领域。

（2）时间测量法

时间测量法是通过测量时间的流逝来获得某一物理量的方法。例如，通过测量物体自由落体所用的时间来确定重力加速度。

3. 静态测量法

（1）静态应变测量法

静态应变测量法是通过测量物体在受力或变形作用下的应变情况，来推断物体的力学性质，应用于结构工程、材料测试等领域。

（2）静态位移测量法

静态位移测量法是通过测量物体的位置变化来获取有关物体运动或变形的信息。例如，使用测距仪测量建筑物的位移。

4. 动态测量法

（1）动态位移测量法

动态位移测量法是在物体运动或振动的过程中对其位移进行测量的方法。广泛应用于机械工程、地震学等领域，以研究物体的动力学性能和振动特性。

（2）动态应变测量法

动态应变测量法是在物体受到动态加载时，通过测量物体的应变情况来了解其应力和材料性质，在材料研究、结构设计等领域中具有重要应用。

5. 数学模型法

（1）有限元法

有限元法是一种通过将物体划分为有限数量的小元素，然后建立数学模型来模拟物体的力学行为的方法。广泛应用于结构分析、热传导、流体力学等领域。

（2）曲线拟合法

曲线拟合法是通过选择适当的数学函数，使其与实际测量数据拟合，从而获得函数的参数和表达式。在数据处理和分析中常用于降噪、趋势分析等方面。

6. 无损检测法

（1）超声波检测法

超声波检测法是一种利用超声波在物体内传播的特性，通过接收超声波的反射信号来检测物体内部的缺陷、异物等情况，在材料检测、医学影像等领域广泛应用。

（2）磁粉检测法

磁粉检测法是通过在被测物体表面涂覆磁性粉末，利用磁场的分布情况来检测物体内部的缺陷、裂纹等情况。常用于金属材料的缺陷检测。

（三）仪器的分类与使用

1. 仪器的分类

（1）电子测量仪器

电子测量仪器包括示波器、多用表、信号发生器等，广泛应用于电子电工领域，用于测量电压、电流、阻抗等电学量。

（2）光学测量仪器

光学测量仪器包括显微镜、望远镜、激光测距仪等，主要用于测量光学性质，如长度、角度、光强等。

（3）机械测量仪器

机械测量仪器包括千分尺、游标卡尺、量规等，用于测量长度、直径、厚度等机械性质。

（4）化学分析仪器

化学分析仪器包括质谱仪、光谱仪、色谱仪等，用于分析物质的组成和结构。

（5）地球测量仪器

地球测量仪器包括全站仪、GPS接收机等，主要用于测量地理空间位置、地形地貌等信息。

2. 仪器的使用原则

（1）选择合适的仪器

根据测量的具体要求和测量对象的性质，选择适当的仪器，确保仪器的测量范围、精度和灵敏度符合要求。

（2）仪器校准与维护

定期对测量仪器进行校准，保证其测量结果的准确性。同时，对仪器进行常规的维护，确保其长期稳定运行。

（3）正确使用仪器

按照仪器的使用说明书和操作规程正确使用仪器，避免误操作和人为误差。

（4）数据处理与分析

对测量得到的数据进行科学的处理和分析，采用适当的统计方法和数学模型，提高测量结果的可靠性。

（四）测量的发展趋势

1. 自动化与智能化

随着信息技术的发展，测量领域逐渐实现了自动化和智能化。自动化测量系统能够实现远程监测、远程控制，智能测量系统则能够通过学习算法自动优化测量方案，提高效率和准确性。

2. 无损检测技术的发展

无损检测技术在航空航天、核工业、医学等领域具有广泛应用前景。随着超声波、磁粉检测等技术的不断发展，无损检测将成为测量领域的重要发展方向。

3. 多模态融合技术

多模态融合技术将不同类型的传感器数据进行融合，以获取更全面、准确的信息。例如，在地球测量中，融合 GPS、遥感、激光雷达等多种数据源，可以提高地理信息的精度和综合性。

4. 微纳米测量技术

微纳米测量技术通过利用微观和纳米尺度的特性，对微小物体或结构进行精确测量。这项技术在纳米科学、生物医学、纳米电子学等领域有着广泛的应用，推动了微纳米器件的研发和创新。

5. 实时动态测量

随着科技的不断进步，对于实时动态测量的需求也日益增长。实时动态测量技术可以广泛应用于交通监控、机器人导航、生产线监测等领域，为快速变化的环境和运动物体提供准确的测量数据。

6. 区块链技术在测量领域的应用

区块链技术的去中心化、不可篡改、透明的特性使其在测量领域具有潜在的应用前景。通过将测量数据存储在区块链上，可以确保数据的真实性和可信度，防范数据篡改和欺诈行为。

7. 环境友好测量技术

在测量活动中，对于环境的影响逐渐成为一个关注的焦点。新一代测量技术应该更加注重能源消耗、废弃物处理等方面，提倡环境友好型的测量仪器和方法的研发与应用。

测量理论与方法是科学研究、工程设计和生产制造等领域中不可或缺的一部分。通过对测量的基本理论、常见测量方法、仪器分类与使用，以及测量的发展趋势进行深入分析，可以看到测量科学在不断演进和创新。

测量的基本理论为测量活动提供了基础和规范，而各种测量方法则根据不同的测量需求和对象选择合适的方式，从而获得准确的测量结果。仪器的分类与使用涵盖了电子、光学、机械、化学等多个方面，为测量提供了丰富的工具和技术手段。

随着科技的不断进步，测量领域也在不断发展。自动化、智能化、无损检测技术、多模态融合技术、微纳米测量技术等成为测量领域的研究热点。这些新技术的应用将进一步提高测量的效率和准确性，推动测量科学的发展。

在未来，随着社会科技的飞速发展，测量理论与方法将继续不断创新，为人类社会的发展和进步提供更加精准、可靠的数据支持。同时，对于环境友好型测量技术的重视和应用，也将推动测量领域向更加可持续发展的方向迈进。

第三节　精密测量技术在土木工程中的应用

一、精密水准测量

精密水准测量是测量学领域中的一项重要技术，主要用于测量地球表面的高程差异。高程信息在土木工程、建筑工程、地理测绘等领域中具有重要的应用价值。精密水准测量通过测量地表的高程变化，为工程设计、地质勘察、城市规划等提供了准确的高程数据。本书将对精密水准测量进行深入探讨，包括其基本原理、仪器设备、测量方法、精度控制以及在实际工程中的应用等方面。

（一）精密水准测量的基本原理

1.高程的定义

高程是指某一点到地球椭球面的垂直距离。在精密水准测量中，通常使用潮汐系统作为高程的基准面，潮汐高程是在固定地球椭球面上，在海平面上升降的高程。

2.基线测量

精密水准测量的基本原理之一是通过测量基线的长度，来计算高程差。基线是两个测站之间的已知长度线段，其测量精度和稳定性对于整个水准测量的精度起着决定性的作用。

3.水准测量的数学模型

精密水准测量的数学模型基于大地水准面的假设，将地球表面的高程差异抽象为一个曲面。在数学上，可以采用椭球面或大地水准面等模型，根据测量的具体需求选择适当的数学模型。

（二）精密水准测量的仪器设备

1.水准仪

水准仪是进行水准测量的主要仪器，根据其结构和功能可分为经典水准仪和电子水准仪。

（1）经典水准仪

经典水准仪采用光学原理，通过观测水平线上的目标来测定高程。它通常包括望远镜、水平圈、水准管等组成部分。观测员通过调整仪器，使水平线上的目标正好位于水准管的十字线上，从而完成测量。

（2）电子水准仪

电子水准仪利用现代电子技术，通过激光或电磁波测量高程差。它具有高度自动化和数字化的特点，能够实时显示测量结果，提高了测量的效率和精度。

2. 测距仪

测距仪用于测量基线的长度，是精密水准测量中的重要工具。传统的测距仪采用钢卷尺等手工工具，而现代测距仪则常常采用激光测距技术，具有高精度和高效率的特点。

3. 水准支架

水准支架用于支撑和固定水准仪，保持其稳定性。在进行水准测量时，水准仪需要放置在水准支架上，以确保观测的准确性。

（三）精密水准测量的方法

1. 闭合水准测量

闭合水准测量是指从一个起始点开始，经过若干个测站后再返回起始点，形成一个闭合的测量回路。通过比较起始点的高程和回路结束时的高程，可以检查闭合回路的误差，从而提高测量的可靠性。

2. 开放水准测量

开放水准测量是在地理上相对较大的范围内进行的水准测量。由于测站之间的距离较大，通常需要使用长基线仪器，如激光测距仪，以保证测量的精度。

3. 动态水准测量

动态水准测量是指在动态环境下进行的水准测量，如在高速公路、铁路上进行的测量。这种情况下，需要考虑车辆的振动和运动对水准测量的影响，采用适当的补偿和校正方法。

（四）精密水准测量的精度控制

1. 仪器精度

仪器精度是指水准仪、测距仪等测量设备的精确度和稳定性。通过仪器的精度校准和定期维护，可以确保测量结果的准确性。

2. 基线精度

基线精度是指基线长度的精确度。在进行精密水准测量时，选择合适的基线长度对于提高测量的精度至关重要。通常情况下，较长的基线长度可以提高测量的灵敏度，但也容易受到大气条件和地形影响。因此，在实际工程中，需要根据具体情况权衡基线长度和精度，选择合适的方案。

3. 观测精度

观测精度是指误差分布的密集或离散的程度。准确的目标观测可以提高水准测量的准确性，因此培训观测员并使用稳定的支架和支撑工具是保证观测精度的重要因素。

4. 数据处理精度

在精密水准测量中，数据处理的准确性直接影响最终的测量结果。采用合适的数学模型，使用精确的数据处理算法，以及对数据进行有效的纠正和校正，都是保障数据处理精度的关键。

5. 系统误差的控制

系统误差是由于测量设备、环境条件等因素引起的固定性误差。为了控制系统误差，需要进行仪器的定期校准和检查，采用适当的校正方法，以减小系统误差的影响。

（五）精密水准测量在实际工程中的应用

1. 建筑工程

在建筑工程中，精密水准测量用于确定建筑物的高程，确保建筑物的水平和垂直度，以满足设计要求。此外，在大型建筑群或高层建筑中，需要进行闭合水准测量，以消除测量环路的误差。

2. 道路和桥梁工程

在道路和桥梁工程中，精密水准测量用于确定道路和桥梁的坡度、高程，确保其符合规范要求。同时，对于大跨度桥梁，需要进行开放水准测量，以获得更有效的高程信息。

3. 水利工程

在水利工程中，精密水准测量被广泛应用于河流、水库和灌溉渠道的设计和监测。通过精确测量水位高程，可以为水利工程提供重要的水文信息，支持水资源管理和调度。

4. 铁路工程

在铁路工程中，精密水准测量用于确定铁轨的坡度和高程，以确保铁路线路的平整度和水平度。闭合水准测量在铁路工程中也常常被使用，以提高测量的准确性。

5. 地质勘探

在地质勘探中，精密水准测量被用于研究地质构造、断层和地下水位等信息。通过测量地表和地下的高程，可以绘制地形图、水文地质图等，为地质勘探提供必要的基础数据。

精密水准测量作为测绘学领域中的重要分支，为工程建设、地理信息系统、资源调查等提供了关键的高程信息。通过深入了解精密水准测量的基本原理、仪器设备、测量方法、精度控制和实际应用等方面，我们可以看到它在各个领域中的重要性和广泛应用。随着科技的不断发展和新技术的涌现，精密水准测量也在不断演进，呈现出一系列新的发展趋势。

二、全站仪测量技术

全站仪是一种集光学、机械、电子、计算机等多种技术于一体的先进测量仪器，广泛应用于土木工程、建筑工程、地质勘探、矿山测量等领域。全站仪测量技术的引入不仅大幅提高了测量的精度和效率，同时也使得现代测绘工作更加便捷和自动化。本书将深入探讨全站仪测量技术的基本原理、仪器构成、测量方法、精度控制以及在实际工程中的应用等方面。

（一）全站仪测量技术的基本原理

1. 全站仪的定义

全站仪是一种综合了望远镜、测角仪、测距仪和数据处理单元的测量仪器。其基本原理是通过测量目标点的水平角、垂直角和斜距，来确定目标点的空间坐标，实现对地物的高精度测量。

2. 测角原理

全站仪的测角原理主要基于光学测角和电子测角两种方式。

光学测角：利用全站仪中的望远镜观测目标点，通过测量目标点与仪器位置之间的水平角和垂直角来确定目标点的方向。这一过程中，光学系统起到关键作用。

电子测角：利用内置的电子测角装置，通过测量电子仪器中的水平角和垂直角，实现对目标点方向的测量。电子测角可以通过传感器直接获取角度信息，提高测角的速度和精度。

3. 测距原理

全站仪的测距原理主要包括电波测距、激光测距和机械测距三种方式。

电波测距：利用全站仪内置的无线电波测距仪，通过测量电波的往返时间来计算目标点的斜距。这种方式常用于大地测量，如 GPS 测量。

激光测距：利用激光发射器发射激光束，经过反射后再接收，通过测量激光的往返时间来计算目标点的斜距。激光测距具有高精度、高速度的优势，常用于全站仪的近距离测量。

机械测距：利用全站仪内置的机械测距仪构造，通过测量仪器旋转过程中光电装置的位移，计算目标点的斜距。这种方式较为传统，但在某些情况下仍然有其应用价值。

（二）全站仪的仪器构成

1. 望远镜系统

望远镜系统是全站仪的核心组件之一，用于观测目标点。其性能直接影响着全站仪的测量精度。现代全站仪通常采用高分辨率、低畸变的望远镜系统，支持自动对焦和自动追踪功能，提高了测量的便捷性和准确性。

2. 角度测量系统

角度测量系统包括水平角和垂直角的测量装置。对于光学测角，采用光电子设备测量目标点的水平角和垂直角；对于电子测角，采用陀螺仪、加速度计等传感器来实现对角度的测量。这些传感器的精度和灵敏度对全站仪的性能有重要影响。

3. 测距系统

测距系统是全站仪实现测距的关键组成部分。电波测距系统通常包括无线电波发射器和接收器，利用电磁波在空气中的传播速度测算目标点的斜距；激光测距系统则包括激光器、光电探测器等，通过测量激光往返时间计算斜距。

4. 数据处理系统

全站仪的数据处理系统通常由微处理器、存储器、显示器等组成。通过这一系统，全站仪可以实现数据的采集、存储、处理和输出。高性能的数据处理系统使得全站仪能够进行更复杂的数据处理和计算，提高了测量的效率和精度。

5. 控制系统

控制系统用于实现全站仪的自动化控制，包括自动对准、自动对焦等功能。这一系统的引入使得全站仪操作更加方便，降低了使用门槛，同时也提高了测量的一致性和准确性。

（三）全站仪的测量方法

全站仪作为一种多功能、综合性的测量仪器，可用于各种测量任务。下面将介绍几种常见的全站仪测量方法。

1. 角度测量

全站仪通过观测目标点的水平角和垂直角，实现对目标点方向的测量。观测员通过调整仪器，使其准星准确对准目标点，全站仪便能记录下水平角和垂直角的测量值。在电子全站仪中，这一过程可以通过触摸屏或键盘进行控制。

2. 测距测量

全站仪的测距方式主要包括电波测距和激光测距。在电波测距中，仪器通过发射和接收无线电波来测算目标点的斜距。而在激光测距中，全站仪通过激光器发射激光束，经目标点反射后再接收，通过测量激光往返时间计算目标点的斜距。

3. 坐标测量

全站仪可通过多站法、闭合环测量法等实现目标点的坐标测量。在多站法中，测量员选取多个仪器位置，通过测量不同方向上的角度和斜距，计算目标点的坐标。闭合环测量法则是通过建立闭合测量环路，测量起始点和终点的坐标差异，对目标点进行坐标计算。

4. 高程测量

在高程测量中，全站仪通过测量目标点的垂直角和斜距，结合地球表面的曲率校正，计算目标点的高程。这在工程测量和建筑工程中常常用于确定建筑物或地形的高程信息。

5. 点位测量

点位测量是全站仪应用最广泛的测量任务之一。通过观测目标点的水平角、垂直角和斜距，全站仪可以计算出目标点在三维空间中的坐标，实现对地物点位的精确定位。

（四）全站仪测量的精度控制

全站仪测量的精度受到多种因素的影响，需要通过合理的控制方法来确保测量结果的准确性。以下是一些影响全站仪测量精度的因素和相应的控制方法。

1. 仪器精度

仪器的精度直接影响测量的准确性。为了确保仪器的精度，需要定期进行仪器的校准和维护。这包括调整望远镜、测角仪、测距仪等部分，以保证各个组件的性能稳定。

2. 外界环境因素

外界环境因素，如温度、大气压力、湿度等，对全站仪的测量结果产生影响。在测量前，需要对测量现场的环境进行考察，并在测量过程中进行相应的环境修正。

3. 观测员技术水平

观测员的技术水平对测量的准确性有着重要的影响。培训观测员，提高其熟练度和观测技能，是保证测量精度的关键。

4. 测量目标特性

测量目标的特性，如反射率、形状等，也会影响测量的精度。在选择测量目标时，需要考虑目标的特性，并选择合适的测量方法和仪器参数。

5. 数据处理精度

在数据处理阶段，对测量数据的处理精度也至关重要。采用合适的数据处理算法，进行有效的数据纠正和校正，可以最大限度地提高测量结果的有效性。

（五）全站仪在实际工程中的应用

1. 土木工程

在土木工程中，全站仪常用于测量建筑物的点位、高程、平面坐标等信息。它可以帮助工程师准确定位和监测建筑物的变形，为工程设计和施工提供精确的地理信息支持。

2. 建筑工程

在建筑工程中，全站仪广泛应用于建筑物的测绘、监测、定位等方面。通过全站仪可以快速、准确地获取建筑物的各种参数，确保建筑物的设计和施工符合规范要求。

3. 道路工程

在道路工程中，全站仪可以用于道路的纵断面、横断面的测量，确保道路的坡度和平整度。此外，全站仪还可以用于桥梁的测量和监测，提高工程的质量和安全性。

4. 矿山测量

在矿山测量中，全站仪广泛应用于矿山地质测量、资源勘探、矿体测量等方面。通过全站仪测量，可以获取矿体的三维坐标、体积、坡度等信息，为矿山的规划和管理提供了可靠的数据支持。此外，全站仪还可以用于矿区地形测绘、巷道测量等工作，提高了矿山勘探和生产的效率。

5. 桥梁工程

在桥梁工程中，全站仪常用于桥梁的测绘和监测。通过全站仪可以测量桥墩、桥台、桥梁结构的各项参数，确保桥梁的建设和维护符合设计要求。全站仪还可用于桥梁的变形监测，对桥梁结构的安全性进行实时监测。

6. 水利工程

在水利工程中，全站仪可用于水坝、水库、河流等水利工程的测绘和监测。通过测量水体的高程、地形特征等，可以为水利工程的设计、建设和管理提供准确的地理信息。全站仪还可用于河床变形的监测、水利设施的定位等工作，提高水利工程的运行效率和安全性。

7. 环境监测

全站仪在环境监测中也有重要应用。例如，通过全站仪可以对污染源、环境污染物的分布情况进行测量，提供环境监测的基础数据。全站仪还可用于测量自然环境的地形、地貌等特征，为环境研究提供科学依据。

8. 地质勘探

在地质勘探中，全站仪可以用于地层的测量、地形的测绘以及地质构造的分析。通过全站仪获取的地质信息对于矿产资源勘探、地质灾害监测等具有重要意义。全站仪的高精度和高效率也使得地质勘探工作更加便捷和可靠。

全站仪作为一种集成了光学、机械、电子等多种技术的综合性测量仪器，在土木工程、建筑工程、地质勘探等领域发挥着重要作用。其不断发展的技术和应用趋势使得测量工作变得更为智能、高效和精准。未来，全站仪将继续朝着智能化、高精度、多模态融合等方向发展，为工程测量领域提供了更为先进的技术和更为便捷的测量方案。随着科技的不断进步，我们有理由期待全站仪在各个领域的广泛应用，为工程建设和科学研究提供更为可靠的测量支持。

三、摄影测量与遥感技术在土木工程中的应用

土木工程是一门综合性的工程学科，涉及建筑、交通、水利、环境等多个领域。随着科技的不断进步，摄影测量与遥感技术在土木工程中的应用日益广泛。这两项技术为土木工程提供了高效、精确、全面的信息获取手段，为工程规划、设计、施工和监测等方面提供了重要支持。本书将深入探讨摄影测量与遥感技术的基本原理、在土木工程中的应用领域以及未来发展趋势。

（一）摄影测量的基本原理

1. 摄影测量概述

摄影测量是一种通过摄影记录地面影像，再通过测量影像中的特征点位置、角度、尺寸等信息，推导出地物在三维空间中的坐标、高程、形状等参数的测量方法。其基本原理是利用相机投影几何学的知识，通过影像的几何变换关系推导出地面特征的空间位置。

2. 摄影测量的步骤

摄影影像获取：使用航空摄影机、卫星摄影机或无人机等载具，通过摄影设备获取地面影像。

内定向：对摄影机的内部参数进行校准，包括焦距、主点位置、径向和切向畸变等，以提高影像的几何精度。

外定向：确定摄影机在空间中的位置和姿态，即确定摄影机的外部参数，通常通过地面控制点或其他传感器获取。

立体模型建立：利用内外定向参数，将影像中的像点投影到三维空间，建立地物的立体模型。

三维坐标计算：通过对立体模型进行测量和计算，得到地物在三维空间中的坐标。

3. 数字摄影测量

随着数字摄影技术的发展，传统的胶片摄影测量逐渐被数字摄影测量取代。数字摄影测量直接利用数字摄影机获取的影像数据，通过数字图像的处理和分析，实现对地物的三维坐标计算，更加高效和精确。

（二）遥感技术的基本原理

1. 遥感概述

遥感技术是通过安装在卫星、飞机、无人机等平台上的传感器获取地面、大气等信息，然后对这些信息进行处理、分析、解译，最终得到地表特征、环境状况等数据的技术。遥感技术的基本原理是通过不同波段的电磁辐射与地面物体的相互作用，获取地物的光谱、空间、时间等信息。

2. 遥感的主要传感器

光学传感器：包括可见光和红外光学传感器，主要用于获取地表的光学信息，如影像、反射率等。

微波传感器：主要用于穿透云层和大气，获取地表的高程、土壤湿度等信息。

热红外传感器：用于获取地表温度等热信息。

激光雷达：用于获取高精度的地表高程信息，广泛应用于数字高程模型（DEM）的制作。

3. 遥感数据处理

遥感数据的处理主要包括预处理、特征提取、分类等步骤。预处理包括大气校正、几何校正等，以提高数据的准确性。特征提取通过图像处理和分析，获取地表的特征信息。分类则是将遥感图像划分为不同的类别，以实现对地物的识别和监测。

（三）摄影测量与遥感技术在土木工程中的应用领域

1. 工程规划与设计

摄影测量和遥感技术在土木工程的规划与设计阶段发挥着关键作用。通过获取区域范围内的高分辨率影像和地表信息，工程师可以对地形、植被、建筑物等进行全面了解。这有助于选址分析、地形分析、交通规划等，为工程规划提供科学的依据。

2. 施工监测

在土木工程的施工监测中，摄影测量和遥感技术能够提供高频率、大范围的监测手段。通过无人机或卫星获取的影像，工程管理者可以实时监测施工现场的变化，包括工程进度、土方量的变化、临时设施的搭建等。这对于及时发现问题、调整施工计划、提高施工效率具有重要意义。

3. 环境监测

摄影测量与遥感技术在土木工程中的环境监测中发挥着关键作用。通过定期获取高分辨率的卫星影像或无人机影像，可以监测土地利用变化、植被覆盖情况、水体变化等。这有助于及时发现环境问题，如水土流失、森林覆盖变化等，为环境保护和生态恢复提供科学依据。

4. 地质灾害监测

摄影测量和遥感技术在地质灾害监测中有着重要的应用。通过获取高分辨率的卫星或无人机影像，可以监测地质灾害的迹象，如滑坡、泥石流、地裂缝等。这有助于预警系统的建立和灾害风险评估，提高对地质灾害的防范和处理能力。

5. 桥梁和隧道检测

摄影测量和遥感技术在桥梁和隧道的检测及监测中也发挥着关键作用。通过获取高分辨率的影像，可以对桥梁和隧道的结构、变形、裂缝等进行检测和分析。这有助于及时发现结构问题，确保交通安全，并为维护和修复提供科学的依据。

6. 基础设施管理

在土木工程的基础设施管理中，摄影测量与遥感技术可以用于城市规划、道路网络管理、水利工程管理等方面。通过获取大范围的高分辨率影像，可以全面了解城市和基础设施的现状，为城市规划和基础设施建设提供决策支持。

摄影测量与遥感技术在土木工程中的应用已经取得了显著成就，为工程规划、设计、施工和监测提供了高效、精确、全面的数据支持。未来，随着技术的不断创新和应用领域的拓展，这两项技术将继续发挥关键作用。多源数据融合、人工智能与机器学习的应用、实时监测与大数据分析等趋势将推动摄影测量与遥感技术在土木工程中的发展，为工程建设和管理提供更加先进的手段和科学依据。摄影测量和遥感技术的不断创新将进一步拓展它们在土木工程中的应用领域，为未来的可持续城市发展、环境保护和基础设施建设提供更为全面的信息支持。

第四节　高精度测量仪器与设备

一、高精度全站仪

高精度全站仪作为一种先进的测量仪器，广泛应用于土木工程、建筑工程、地质勘探等领域。它具备高精度、全方位测量能力，能够实现对目标点在三维空间的准确定位和测量。本书将深入探讨高精度全站仪的技术原理、应用领域以及未来发展趋势。

（一）高精度全站仪的技术原理

1. 全站仪基本构成

高精度全站仪主要由望远镜、测角仪、测距仪、数据处理系统等组成。其工作原理基于光学测量和电子技术，通过测量目标点的水平角、垂直角和斜距，实现对目标点在三维空间的坐标计算。

2. 角度测量原理

全站仪的角度测量原理基于光学测角仪。通过望远镜观测目标点，测量目标点与全站仪之间的水平角和垂直角。传统的全站仪使用角度编码器测量角度，而现代的高精度全站仪则采用光学读数头或角度计算器，提高了角度测量的精度。

3. 测距原理

全站仪的测距原理通常有两种：电波测距和激光测距。电波测距利用无线电波在发射器和接收器之间的往返时间来计算目标点的距离。激光测距则通过发射激光束，测量激光从仪器发射到目标点并返回的时间，从而计算目标点的斜距。

4. 数据处理原理

全站仪的数据处理原理主要基于计算机技术。测量得到的角度、斜距等数据通过内置的计算和存储系统进行处理，最终得到目标点在三维空间中的坐标。现代高精度全站仪通常配备了先进的数据接口，可以通过 USB、蓝牙等方式将数据传输至计算机或其他设备进行进一步处理。

（二）高精度全站仪的应用领域

1. 土木工程

在土木工程中，高精度全站仪被广泛用于测量建筑物的点位、高程、平面坐标等信息。它可以帮助工程师实现准确定位和监测建筑物的变形，为工程设计和施工提供精确的地理信息支持。

2. 建筑工程

在建筑工程中，高精度全站仪广泛应用于建筑物的测绘、监测、定位等方面。通过全站仪可以快速、准确地获取建筑物的各种参数，确保建筑物的设计和施工符合规范要求。

3. 道路工程

在道路工程中，高精度全站仪可以用于道路的纵断面、横断面的测量，确保道路的坡度和平整度。此外，全站仪还可以用于桥梁的测量和监测，提高工程的质量和安全性。

4. 矿山测量

在矿山测量中，高精度全站仪广泛应用于矿山地质测量、资源勘探、矿体测量等领域。通过全站仪测量，可以获取矿体的三维坐标、体积、坡度等信息，为矿山的规划和管理提供了可靠的数据支持。全站仪在矿山勘探中的应用，能够提高勘探效率、降低勘探成本，并确保矿区的合理开采和资源利用。

5. 水利工程

在水利工程中，高精度全站仪可用于水坝、水库、河流等水利工程的测绘和监测。通过测量水体的高程、地形特征等，可以为水利工程的设计、建设和管理提供准确的地理信息。全站仪还可用于河床变形的监测、水利设施的定位等工作，提高水利工程的运行效率和安全性。

6. 环境监测

全站仪在环境监测中也发挥了重要作用。通过全站仪的测量，可以获取环境中不同地点的地形、植被覆盖、地表变化等信息。这对环境监测、生态保护、自然灾害预测等方面具有重要意义。例如，通过监测地表变化，可以及时发现土地退化、植被覆盖变化等问题。

7. 城市规划

在城市规划中，高精度全站仪被广泛应用于城市的地形测绘、道路规划、建筑物定位等方面。通过获取城市各个地点的精确坐标，规划者可以更好地进行城市设计，提高城市的空间利用效率和整体规划水平。

8. 文物保护与考古

全站仪在文物保护和考古领域也有重要应用。通过全站仪的高精度测量，可以实现对文物、古建筑等的精准定位和三维建模，这为文物修复、保护和考古发掘等工作提供了科学依据。

（三）高精度全站仪的发展趋势

1. 智能化技术应用

随着智能化技术的不断发展，未来高精度全站仪将更加智能化。智能全站仪将具备自动化观测、数据处理、故障诊断等功能，减轻操作员的负担，提高测量的效率和精度。

2. 高精度传感器的应用

随着高精度传感器技术的提升，未来的全站仪将采用更为灵敏的传感器，提高测角和测距的精度。这将使得全站仪在更为复杂和精密的测量任务中发挥更大的作用。

3. 多模态融合技术

未来的全站仪将更加注重与其他测量技术的融合，如激光扫描技术、摄影测量技术等。多模态融合技术将为地理信息的获取提供更为全面、多层次的数据，提高地理信息的综合性和可视化程度。

4. 无人化测量

随着无人机技术的成熟，未来的全站仪可能会更加注重与无人机技术的集成。无人化测量将通过无人机携带全站仪设备，实现对地表、建筑物等目标的快速、高效测量。这种方式不仅可以避免复杂的地形难题，还能在大范围、复杂环境下完成测量任务。

5. 移动性与便携性

未来的全站仪可能会更注重设备的轻量化和便携性，使其更易携带到不同的工程现场。同时，全站仪的移动性可能会更强，支持快速部署和灵活操作，以满足不同测量任务的需求。

6. 大数据和云计算

全站仪测量产生的数据量庞大，未来的发展趋势将会更加注重大数据和云计算技术的应用。通过云端数据存储和处理，不仅可以实现数据的共享与协作，还能更好地支持数据的管理和分析，为工程项目提供更全面的信息服务。

7. 环境适应性

未来的全站仪可能更具有环境适应性，能够在复杂、恶劣的环境条件下稳定工作。对于极端气候、恶劣天气等情况，全站仪的性能和稳定性将得到进一步提升。高精度全站仪作为土木工程、建筑工程等领域中不可或缺的测量工具，在现代科技的推动下不断发展和完善。其高精度、全方位的测量能力使其在各个领域都发挥着关键作用。从技术原理到应用领域再到未来发展趋势，高精度全站仪的进步不仅提升了测量的精度和效率，也推动了相关领域的发展。

在土木工程中，高精度全站仪的应用涉及建筑物的精确定位、道路的设计和施工、桥梁隧道的测量与监测等方面。通过测量建筑物的三维坐标、地形的高程等信息，全站仪为土木工程的规划、设计、施工提供了不可或缺的数据支持。在建筑工程中，全站仪的高精度和精准测量能力使得建筑物的设计更符合实际需求，施工更加精确，提高了建筑质量。

在矿山测量领域，高精度全站仪通过测量矿体的三维坐标、体积等信息，为矿山资源的勘探和开发提供了准确的数据基础。在水利工程中，全站仪的应用可实现对水坝、水库等水利设施的监测，确保水利工程的安全运行。在环境监测领域，全站仪能够获取地表特征、植被覆盖等信息，为环境保护和生态保护提供科学依据。

二、激光测距仪

激光测距仪是一种利用激光束进行测量的高精度仪器，广泛应用于工业、军事、科研、地质勘探等领域。本书将深入探讨激光测距仪的技术原理、应用领域以及未来发展趋势。

（一）激光测距仪的技术原理

1. 激光发射与接收

激光测距仪的基本工作原理是利用激光的发射和接收。首先，激光测距仪通过激光器产生一束单色、相干性强的激光束。然后，将激光束发射到目标物体上，并通过光电探测器接收目标反射回来的激光。

2. 时间测量原理

激光测距仪测量距离的基本原理是利用激光脉冲的发射和接收时间。激光脉冲从激光器发射到目标上并返回，测距仪通过计算激光的飞行时间并乘以光速，从而得到目标距离。这一时间测量的原理确保了激光测距的高精度。

3. 调频连续波测距原理

除了时间测量原理，激光测距仪中还应用了调频连续波测距原理。这种原理通过调制激光频率，使激光信号成为调制过的连续波，通过接收到的调制信号的频率变化来计算目标的距离。

4. 相位测量原理

相位测量原理是另一种常见的激光测距方法。通过测量激光脉冲的相位差异，激光测距仪可以计算出目标物体与测距仪的距离。

（二）激光测距仪的应用领域

1. 工业制造

在工业制造领域，激光测距仪广泛应用于零件测量、自动化生产线、机器人导航等方面。其高精度和快速测量的特性使其成为制造业中不可或缺的工具。激光测距仪可以用于测量物体的尺寸、定位零部件，提高生产线的效率和精度。

2. 地球观测

在地球观测领域，激光测距仪被广泛应用于大气测控、地球形状测量、卫星导航等方面。通过激光测距仪可以测量大气的折射率，从而提高卫星导航的定位精度。此外，激光测距仪还可用于地球表面的三维地形测量，为地质研究和自然灾害监测提供数据支持。

3. 军事与安防

在军事和安防领域，激光测距仪被应用于测量目标距离、导航系统、激光瞄准器等。激光测距仪可以提供高精度的目标距离信息，帮助军事人员进行远距离射击和火力控制。在安防领域，激光测距仪也可用于监控系统，提高对目标的追踪精度。

4. 汽车与自动驾驶

在汽车领域，激光测距仪被广泛应用于自动驾驶技术。激光雷达作为激光测距仪的一种形式，通过发射激光束并接收反射回来的信号，实现对车辆周围环境的高精度测距。这对于实现车辆的避障、自动停车等功能至关重要。

5. 激光医学

在医学领域，激光测距仪被应用于眼科手术、牙科治疗等。通过激光测距仪可以精确测量眼部或牙齿的距离，为手术提供精确的数据支持。激光测距仪还可用于医学成像等领域，提高医学影像的分辨率。

6. 激光通信

激光测距仪在通信领域有着重要作用，特别是激光通信系统。通过激光测距仪可以实现对光信号的测量和定位，提高光通信的可靠性和稳定性。激光通信系统利用激光测距仪的高精度，可以实现对光信号的定向传输，提高通信传输速率和数据传输的安全性。

7. 建筑与测绘

在建筑和测绘领域，激光测距仪被广泛应用于建筑物测量、室内设计、地形测量等方面。激光测距仪通过测量激光束的飞行时间或调频连续波的变化，可以获取建筑物的尺寸、高程等信息。在测绘中，激光测距仪可用于绘制精密的地形图、地形模型，提供高精度的地理信息。

8. 激光雷达扫描

激光雷达扫描是激光测距仪的一种应用形式，被广泛应用于三维建模、地图绘制、城市规划等领域。通过激光雷达扫描，可以快速获取大范围区域的高精度三维点云数据，为城市规划、灾害监测、资源管理等提供详尽的信息。

（三）激光测距仪的发展趋势

1. 小型化与便携性

未来激光测距仪的发展趋势之一是小型化与便携性的提升。随着微电子技术的发展，激光测距仪将变得更加紧凑、轻便，便于携带到不同的工作现场，满足各种实际测量需求。

2. 多波长测距

为了提高激光测距的精度和适用性，未来的激光测距仪可能会采用多波长测距技术。通过同时使用不同波长的激光，可以应对不同环境条件下的测量需求，提高测距的稳定性和准确性。

3. 高精度传感器

随着高精度传感器技术的不断发展，未来激光测距仪将使用更为灵敏和精密的传感器。这将提高激光测距仪的测量精度，使其在更为复杂和精密的应用场景中发挥更大的作用。

4. 激光雷达与无人系统融合

未来的激光测距仪可能更加注重与激光雷达和无人系统的融合。这种多模态融合技术将为测量任务提供更全面、多层次的数据，提高信息的丰富性和可用性。

5. 智能化技术应用

随着智能化技术的发展，未来的激光测距仪可能会更加智能化。智能化激光测距仪将具备自动化的测量和数据处理功能，减轻操作员的负担，提高测量的效率。

6. 大数据与云计算

未来激光测距仪将更加注重大数据和云计算技术的应用。通过云端数据存储和处理，可以实现对海量数据的高效管理和分析，为用户提供更全面的数据服务。

7. 精准定位与导航

随着激光测距技术的不断创新，未来的发展趋势之一是在精准定位与导航领域的拓展。激光测距仪将更好地应用于室内导航、无人驾驶、机器人导航等场景，提供更为精准的定位服务。激光测距仪作为一种高精度、高效率的测量工具，在各个领域都发挥着重要作用。通过深入了解激光测距仪的技术原理、应用领域和未来发展趋势，我们可以看到激光测距仪在工业、军事、医学、建筑、测绘等领域的广泛应用前景。未来，随着科技的不断进步，激光测距仪将不断创新和完善，为各行业提供更为先进的测量解决方案。

三、带有惯性导航系统的测量仪器

带有惯性导航系统的测量仪器是一种集成了惯性导航技术的先进测量设备，它通过结合惯性传感器和其他测量技术，实现对物体位置、方向和运动状态的精确测量。本书将深入探讨带有惯性导航系统的测量仪器的技术原理、应用领域以及未来发展趋势。

（一）技术原理

1. 惯性导航系统

惯性导航系统基于惯性传感器，包括加速度计和陀螺仪。加速度计用于测量物体的加速度，而陀螺仪则测量物体的旋转角速度。通过积分这些测量值，可以得到物体的速度、位移和方向信息。

2. 数据融合

带有惯性导航系统的测量仪器通常采用数据融合技术，将惯性导航系统的输出与其他传感器[如全球卫星定位系统（GNSS）、激光测距仪、视觉传感器等]的输出进行融合。数据融合有助于克服惯性导航系统在长时间使用中积累的误差，提高整个测量系统的准确性和稳定性。

3. 定位与导航算法

带有惯性导航系统的测量仪器使用先进的定位与导航算法，以实时、动态地估计测量目标的位置和方向。这些算法考虑了多传感器融合的复杂性，通过优化策略实现高精度的位置和导航信息。

（二）应用领域

1. 航空航天

在航空航天领域，带有惯性导航系统的测量仪器被广泛应用于飞行器、导弹和卫星等的导航与控制系统。由于这些系统通常需要在无人驾驶或远程操作的情况下执行任务，惯性导航系统提供了高精度的实时定位和导航信息，增强了系统的自主性和精准性。

2. 地球勘探

在地球勘探领域，带有惯性导航系统的仪器被用于地质勘探、地形测绘和资源探测。这些仪器可以在复杂的地形和环境条件下提供高精度的位置和方向信息，有助于制订更有效的勘探计划和提高勘探的成功率。

3. 无人驾驶和自动驾驶

在交通领域，带有惯性导航系统的测量仪器在无人驾驶和自动驾驶汽车中扮演着关键角色。通过集成惯性导航系统，车辆能够实时获取自身的位置、方向和运动状态，从而实现更安全、稳定的自动驾驶。

4. 建筑与工程测量

带有惯性导航系统的测量仪器在建筑和工程测量中提供了高精度的定位和导航功能。这在大型建筑物的建设、地下工程的施工以及基础设施的维护中都是至关重要的。测量仪器可以通过惯性导航系统获得准确的三维坐标，帮助建筑师和工程师更好地理解和操作复杂的建筑和结构。

5. 军事与安防

在军事和安防领域，带有惯性导航系统的测量仪器被广泛应用于导弹制导、战术装备、无人飞行器等。这些系统通过惯性导航技术提供高精度的定位和导航信息，为军事作战和安防任务提供了可靠支持。

6. 运动追踪与体育

在运动追踪和体育领域，带有惯性导航系统的测量仪器用于记录和分析运动员的运动轨迹、姿势和速度。这种技术不仅应用于科学训练和运动竞技，还应用于体育医学领域，帮助康复和对运动员的生理监测。

（三）未来发展趋势

1. 小型化与集成化

未来带有惯性导航系统的测量仪器将趋向小型化和集成化。随着微电子技术和微机电系统（MEMS）的不断进步，惯性传感器将变得更小巧、轻便，从而使整个测量仪器更加便携和灵活。

2. 多模态融合

未来的发展趋势之一是进一步加强多模态融合技术。多模态融合将不仅仅限于惯性导航系统与其他传感器的结合，还可能包括更多传感器的引入，如视觉传感器、声呐传感器等。通过综合利用多个传感器的信息，可以更全面、准确地获取目标物体的状态信息，提高整个测量系统的鲁棒性和适用性。

3. 深度学习与人工智能

未来，深度学习和人工智能技术将更多地应用于带有惯性导航系统的测量仪器中。通过利用深度学习算法，可以对复杂的环境信息进行实时分析和处理，进一步提高测量仪器的智能化水平。深度学习还能够改善对传感器数据的实时校正和处理，提高测量精度。

4. 全球卫星导航系统（GNSS）增强

尽管惯性导航系统在大多数情况下能够独立工作，但与全球卫星导航系统（GNSS）的结合仍然是一种常见方式。未来的发展趋势可能包括对GNSS信号的更加有效的利用，以及对GNSS信号的辅助校正，以提高在城市、峡谷等信号受阻的区域的测量准确性。

5. 高精度工业应用

在工业领域，带有惯性导航系统的测量仪器将更广泛地应用于高精度工业制造、机器人导航和自动化生产线。这对于提高制造业的生产效率、保证产品质量具有重要意义。未来的发展趋势将包括在制造业中更广泛地推广和集成这些技术，以满足精密制造的需求。

6. 5G 技术的应用

5G 技术的广泛应用将为带有惯性导航系统的测量仪器提供更快速、更稳定的数据传输和通信能力。这对于实时数据处理和远程监控等应用场景将具有显著的优势，加速测量系统的响应速度。

7. 民用市场拓展

随着技术的不断成熟和成本的降低，带有惯性导航系统的测量仪器将在更广泛的民用市场中得到拓展。例如，智能手机、智能家居设备等可能会集成这一技术，提供更为智能、精准的位置服务。带有惯性导航系统的测量仪器在多个领域都展现出了广阔的应用前景。其技术原理基于惯性传感器和数据融合，通过与其他传感器协同工作，提供了高精度的位置、方向和运动状态信息。在航空航天、地球勘探、无人驾驶、建筑工程等领域，这些仪器都发挥着关键作用。

未来，带有惯性导航系统的测量仪器将继续发展演进。小型化、多模态融合、智能化、深度学习等技术的应用将使其更为灵活、智能和精准。同时，随着 5G 技术的普及和成本的降低，这一类测量仪器有望在更多领域和应用场景中得到广泛应用，推动相关行业向着更高精度、更自动化的方向发展。

第五节 地理信息系统（GIS）与土木工程测量

一、GIS 基础知识

地理信息系统（GIS）是一种集成了地理学、地图学、信息科学、计算机科学等多学科知识的技术系统。它以地理空间信息为核心，通过采集、存储、管理、分析和展示地理数据，帮助用户更好地理解和解释地球表面的现象。本书将深入探讨 GIS 的基础知识，包括定义、组成要素、数据类型、应用领域以及未来发展趋势。

（一）GIS 的定义

地理信息系统（GIS）是一种涉及地理空间数据的信息系统，它以地球表面的地理位置为基础，通过空间数据的采集、存储、处理和分析，为用户提供空间信息的获取、管理和应用。GIS 不仅仅是一种技术，更是一种综合利用多学科知识的跨学科科学。

（二）GIS 的组成要素

1. 空间数据

GIS 的核心是空间数据，它包括地理位置信息和属性信息。地理位置信息描述了地球表面上的位置，通常以地理坐标的形式表示。属性信息则描述了与空间位置相关的属性或特征，如土地利用、人口分布等。

2. 硬件

GIS 的硬件组成包括计算机、服务器、存储设备、输入输出设备等。这些硬件设备用于进行空间数据的采集、存储和处理，支撑 GIS 系统的正常运行。

3. 软件

GIS 软件是 GIS 系统的操作平台，用于进行数据的管理、分析和可视化展示。常见的 GIS 软件包括 ArcGIS、QGIS、MapInfo 等，它们提供了丰富的功能，包括地图制图、数据编辑、空间分析等。

4. 数据

GIS 数据是 GIS 系统的重要组成部分，分为空间数据和非空间数据。空间数据包括矢量数据和栅格数据，而非空间数据则包括属性数据、文本数据等。数据的质量和准确性直接影响 GIS 分析结果的可信度。

5. 人员

GIS 人员包括 GIS 专业人员和系统用户。GIS 专业人员负责系统的设计、开发、维护和空间分析等工作，而系统用户则是 GIS 系统的最终使用者，通过 GIS 系统获取空间信息以支持其决策和研究。

（三）GIS 的数据类型

1. 矢量数据

矢量数据以点、线、面等几何要素来表示地球表面上的空间实体。点表示一个特定的地理位置，线表示连接的地理对象，面表示一个区域或面积。矢量数据适用于精细的地图制图和复杂的空间分析。

2. 栅格数据

栅格数据将地球表面划分为规则的网格，每个网格单元称为像元。每个像元可以包含一个或多个属性值，表示地理现象的特征。栅格数据适用于连续分布的地理现象，如遥感影像、地形图等。

3. 图像数据

图像数据是一种特殊的栅格数据，通常来自卫星遥感、航空摄影等手段。图像数据以图像的形式呈现地球表面的信息，可以用于观察、监测和分析地理现象。

4. 三维和多维数据

随着 GIS 技术的发展，越来越多的 GIS 应用需要处理三维和多维数据。三维数据考虑了地球表面的高度信息，而多维数据则包括时间等额外维度的考虑。这使得 GIS 能够更好地模拟和分析地球表面的动态过程。

（四）GIS 的应用领域

1. 地图制图

GIS 最早的应用领域之一是地图制图。通过 GIS 技术，制图者可以更精确地绘制地图，包括道路、河流、城市、地形等地理信息。GIS 在地图制图中提供了高度的灵活性和可视化效果。

2. 土地规划与管理

GIS 在土地规划与管理中起到了关键作用。它可以帮助规划者分析土地利用、评估土地潜力、制订土地规划方案，并支持土地资源的管理和监测。

3. 环境监测与保护

GIS 技术广泛应用于环境监测与保护。通过分析大气、水质、土壤等环境数据，可以更好地监测环境状况、识别潜在的环境问题，并制定环境保护政策。

4. 公共安全

GIS 在公共安全领域发挥着关键作用。它用于犯罪分析、紧急事件响应、灾害管理等方面，帮助政府和公共机构更好地了解和应对安全挑战。

5. 医疗卫生

在医疗卫生领域，GIS 被用于流行病学研究、疾病传播分析、卫生资源分配等方面。通过地理信息分析，可以更好地了解疾病的传播路径、评估医疗资源的合理分配，并支持卫生决策的制定。

6. 市场营销

GIS 在市场营销中的应用主要体现在位置分析、目标市场定位和销售区域规划等方面。通过空间数据的分析，企业可以更精准地了解目标市场的特征，制定有针对性的市场营销策略。

7. 农业与农村发展

在农业领域，GIS 可用于农田规划、作物分析、水资源管理等。通过对土地、气象、水资源等数据的综合分析，农业生产者可以做出科学决策，提高农业生产效益。

8. 运输与物流

GIS 在运输与物流领域的应用涵盖了交通规划、路线优化、货运管理等方面。通过 GIS 技术，可以更好地优化物流运输路径，提高交通流畅性，降低运输成本。

9. 教育与研究

在教育与研究领域，GIS 为学者、研究人员和学生提供了一个强大的工具，用于探索地理现象、进行空间分析、模拟地球系统等。GIS 在学术研究中被广泛应用，促进了跨学科研究的发展。

（五）GIS 的未来发展趋势

1. 云计算与大数据

随着云计算和大数据技术的发展，GIS 将更多借助云平台进行数据存储、处理和分析。云计算可以提供更大的存储和计算能力，使得 GIS 能够处理更庞大的地理数据集，支持更复杂的分析和模拟。

2. 移动 GIS

移动设备的普及使得 GIS 不再局限于桌面应用，而是越来越多地应用于移动设备上。移动 GIS 通过结合全球卫星导航系统（GNSS）和传感器技术，提供实时定位、导航和数据采集功能，适用于野外调查、巡检和移动办公等场景。

3. 人工智能与机器学习

人工智能（AI）和机器学习（ML）技术将在 GIS 中发挥着越来越重要的作用。通过 AI 和 ML 算法，GIS 系统可以自动识别、分类和分析地理数据，提高数据处理的效率和准确性，为用户提供更精细的地理信息服务。

4. 三维与虚拟现实

未来 GIS 的发展将更加注重对地球表面的三维建模和虚拟现实（VR）的整合。这有助于更直观地呈现地理信息，提供更真实的用户体验，适用于城市规划、旅游规划等领域。

5. 自动驾驶与智能交通

GIS 将在自动驾驶和智能交通系统中扮演重要角色。通过 GIS 技术，车辆可以实时获取周围环境的地理信息，进行路径规划和导航，提高自动驾驶的安全性和效率。

6. 开源 GIS 的普及

开源 GIS 软件的普及将促使更多的用户和组织参与到 GIS 应用中来。开源 GIS 软件具有灵活性、可定制性和免费的特点，推动了 GIS 技术的广泛应用和发展。GIS 作为一种多学科交叉应用的技术系统，在地理信息获取、管理、分析和应用方面发挥着越来越重要的作用。通过不断整合新的技术手段，GIS 将在未来呈现出更为广泛和深入的应用，助力人类更好地理解、利用和保护地球。

二、土木工程中 GIS 的应用

地理信息系统（GIS）作为一种集成地理空间数据的技术系统，在土木工程领域发挥着越来越重要的作用。GIS 不仅可以用于土地规划与管理，还广泛应用于工程设计、建设监测、资源管理等方面。本书将深入探讨 GIS 在土木工程中的应用，包括其在规划、设计、监测和决策支持等方面的具体应用情况。

（一）土木工程中 GIS 的基础应用

1. 地理信息采集与数据管理

在土木工程项目的初期阶段，需要进行大量的地理信息采集，包括土地利用、地形地貌、水资源等数据。GIS 可以用于整合这些数据，构建项目的空间数据库。通过 GIS 平台，工程师能够方便地查询、更新和管理各种地理信息数据，为后续工作奠定基础。

2. 土地规划与设计

GIS 在土地规划与设计中具有广泛的应用。通过 GIS 技术，工程师可以进行土地利用分析、地形分析、水文水资源分析等，为土木工程的规划和设计提供科学依据。例如，在城市规划中，GIS 可以用于确定最佳的土地用途，考虑交通、环保、水资源等多方面因素。

3. 工程设计与空间分析

GIS 在土木工程的设计阶段能够进行更为精细的空间分析。通过 GIS 软件，工程师可以在地理信息的基础上进行道路、桥梁、管道等工程的设计，并对设计方案进行优化。空间分析还能够帮助工程师更好地理解项目所处环境的地理特征，提高设计的合理性和可行性。

（二）土木工程中 GIS 的监测与管理应用

1. 施工监测

GIS 在土木工程的施工监测中发挥着关键作用。通过传感器获取实时的工程数据，结合 GIS 技术，可以进行施工过程的实时监测与管理。例如，对于道路施工，GIS 可以实时记录机械设备的位置、材料的使用情况，从而在施工过程中进行监测和管理。

2. 工程质量监测

GIS 还可以用于土木工程的质量监测。通过在地理信息上标记和记录施工现场的相关信息，包括土质、地基情况等，工程师可以更好地了解工程质量状况。当监测到异常情况时，GIS 系统能够及时预警，提高对工程质量问题的应对速度。

3. 环境监测

在土木工程的建设过程中，环境监测是不可或缺的一环。通过 GIS，工程师可以进行环境影响评价，监测施工对周围环境的影响。GIS 可以整合大量的环境数据，包括大气质量、水质状况、土壤污染等，为环境监测提供科学依据。

4. 资源管理

GIS 在土木工程中还可用于资源管理，包括人力资源、物资资源等。通过 GIS 系统，可以对项目人员的分布、设备的使用情况、原材料的采购与消耗等进行实时监测，提高了资源的利用效率，降低了项目的运营成本。

（三）GIS 在土木工程决策支持中的应用

1. 项目选址与规划决策

在土木工程项目的前期，GIS 可以用于项目选址和规划决策。通过对地理信息的分析，结合项目的需求和约束条件，工程师可以确定最佳的项目选址，规划出合理的建设方案。

2. 风险评估与应急管理

GIS 在土木工程决策支持中还能进行风险评估与应急管理。通过 GIS 系统，可以整合地理信息、气象信息、地质信息等，进行灾害风险评估。在项目运营过程中，GIS 可以帮助工程师实时监测异常情况，提前进行应急管理。

3. 资源调配与优化

决策支持是 GIS 在土木工程中的一项重要应用。GIS 系统可以整合各类资源数据，通过空间分析和模型优化，帮助决策者更合理地进行资源调配与优化，提高土木工程的整体效益。

4. 可持续发展决策

在当今社会，可持续发展已成为工程领域的关键目标。GIS 可以帮助工程师在土木工程决策中考虑到环保、社会、经济等多方面因素，为可持续发展提供科学支持。

（四）GIS 在特定土木工程领域的深化应用

1. 桥梁工程

在桥梁工程中，GIS 可以用于桥梁选址、地形分析。

2. 道路工程

在道路工程中，GIS 的应用范围也非常广泛。以下是 GIS 在道路工程中的深化应用：

路径规划与优化：GIS 可以用于道路网络的路径规划与优化，帮助规划者确定最佳的道路布局，提高道路的通行效率。

交通流分析：通过 GIS，可以实时监测道路交通流量、拥堵情况等。这有助于交通管理部门做出及时的决策，缓解交通压力。

交叉口设计：GIS 可以进行交叉口设计的空间分析，考虑交叉口的形状、信号灯设置等因素，优化交叉口的设计，提高交叉口的安全性和效率。

3. 水利工程

在水利工程中，GIS 有以下深化应用。

水资源管理：GIS 可以整合水文数据、水质数据等信息，进行水资源管理和分析。这对于水库的调度、水源地的保护等方面具有重要意义。

洪水模拟与预测：利用 GIS 进行洪水模拟，结合地形数据和气象数据，可以对洪水的影响范围进行预测，为防洪工程的规划和应急响应提供科学支持。

水土保持规划：GIS可以帮助规划者分析地形、土壤等因素，进行水土保持规划。这有助于减少水土流失，保护水域生态系统。

4. 隧道工程

在隧道工程中，GIS可以应用于以下方面。

地质勘探与风险评估：利用GIS分析地质数据，进行隧道施工前的地质勘探和风险评估。这有助于选择最佳的隧道走向，降低施工风险。

隧道监测：在隧道施工和运营阶段，GIS可以实时监测隧道结构、通风设备等参数。这有助于保障隧道的安全性和稳定性。

应急管理：针对隧道事故，GIS可以提供应急管理支持，包括疏散路线规划、事故点分析等。

5. 城市基础设施建设

在城市基础设施建设中，GIS发挥着关键作用。

管线布局与管理：在城市管线的规划和建设中，GIS可以进行管线布局的优化，实现对城市水、电、气、热等管线的全生命周期管理。

城市规划：GIS在城市规划中用于分析土地利用、交通流、环境状况等因素，帮助规划者设计更科学合理的城市布局。

智能交通系统：结合GIS，城市可以建设智能交通系统，通过实时监测和数据分析优化交通流，提高城市交通的效率。

GIS在土木工程中的应用已经逐渐深化和拓展，为工程师提供了强大的工具和支持。从基础的地理信息采集到高级的工程设计和监测，GIS在各个阶段都发挥着不可替代的作用。未来，随着技术的不断创新和发展，GIS将继续在土木工程中发挥更为重要的作用，为工程建设提供更科学、高效的解决方案。

三、空间数据分析与模型构建

空间数据分析与模型构建是地理信息科学（GIS）领域中至关重要的部分。随着地球信息技术的不断发展，空间数据分析和模型构建成为解决空间问题、优化资源管理、支持空间决策的关键工具。本书将深入探讨空间数据分析与模型构建的基本概念、方法、应用以及未来发展趋势。

（一）空间数据分析基本概念

1. 空间数据

空间数据是描述地球表面上位置和空间分布的数据，通常使用地理坐标系表示。空间数据可以分为矢量数据和栅格数据两种主要类型。矢量数据以点、线、面等几何要素来表示，而栅格数据将地球表面划分为规则的网格，每个网格单元包含一个或多个属性值。

2. 空间数据分析

空间数据分析是指对地理空间数据进行处理、解释和推断的过程。其目的是从空间数据中提取有用的信息，揭示地理现象的规律和关系。空间数据分析的方法包括空间查询、空间统计、空间插值、缓冲区分析等，这些方法可以帮助理解空间数据的空间分布特征。

3. 空间关系

空间关系描述了地理空间要素之间的相对位置和连接关系。常见的空间关系包括邻近关系、重叠关系、接触关系等。空间关系分析是空间数据分析的重要组成部分，通过分析要素之间的空间关系，可以得到更深层次的空间信息。

（二）空间数据分析方法

1. 空间查询与过滤

空间查询是通过空间位置条件来检索地理空间数据的过程。常见的空间查询包括点查询、线查询、面查询等，通过定义空间范围或空间关系条件，筛选出符合条件的空间数据。

2. 空间统计分析

空间统计分析是对地理空间数据中存在的统计规律进行分析的过程。空间统计方法包括点模式分析、空间自相关分析、空间插值等。这些方法可以帮助研究者了解地理现象的空间分布规律，并做出相关推断。

3. 空间插值

空间插值是一种通过已知位置的数据值来推断未知位置的数据值的方法。常见的空间插值方法包括克里金插值、反距离加权插值等，它们在地理空间数据的补充和精化方面发挥着重要作用。

4. 空间缓冲区分析

空间缓冲区分析是在地理空间数据周围创建一定范围的缓冲区，用于研究和描述空间关系。缓冲区分析常用于解决距离、接近性等问题，如确定距离某一地点一定范围内的其他要素。

（三）空间模型构建

1. 空间模型的概念

空间模型是对地理空间现象进行描述和模拟的数学框架。空间模型可以是描述空间关系的数学公式、基于统计学方法的模型，也可以是基于物理过程的仿真模型。空间模型的构建旨在更好地理解和解释地理空间现象。

2. 空间回归模型

空间回归模型是一种用于分析空间数据中变量之间关系的统计模型。它考虑到了地理空间上的自相关性，通过引入空间权重矩阵来捕捉空间相依性。空间回归模型在城市研究、环境科学等领域有广泛应用。

3. 地理加权回归模型

地理加权回归模型是空间回归模型的一种扩展，它考虑到不同地理位置的空间异质性。通过赋予不同地点不同的权重，地理加权回归模型更灵活地适应地理空间数据的特征。

4. 空间决策支持系统

空间决策支持系统是将空间数据分析和模型构建与决策过程相结合的系统。通过整合空间数据、模型、地理信息系统等，空间决策支持系统可以为决策者提供空间分析和模拟结果，帮助决策者进行更科学合理的决策。

（四）空间数据分析与模型构建的应用领域

1. 地理信息系统

地理信息系统是应用空间数据分析与模型构建最为广泛的领域之一。GIS 通过整合、分析和可视化空间数据，为用户提供空间决策支持，广泛应用于城市规划、环境监测、资源管理等方面。

2. 城市规划与管理

在城市规划与管理中，空间数据分析与模型构建有着广泛的应用。

用地规划：利用空间数据分析，城市规划者可以更好地了解土地利用现状，通过模型构建进行未来的用地规划。这有助于合理利用城市土地资源，促进城市可持续发展。

城市交通规划：空间数据分析和模型构建可以帮助规划者理解城市交通系统的运行情况，优化交通网络布局，提高交通效率。通过模拟不同交通方案，制定更科学的城市交通规划。

3. 环境科学与保护

在环境科学领域，空间数据分析与模型构建的应用涵盖了空气质量监测、水资源管理、自然灾害预测等方面。

空气质量分析：利用空间数据分析，可以监测城市不同地区的空气质量，并构建模型预测未来的空气质量趋势。这有助于采取有效的环境保护措施。

水资源管理：空间数据分析与模型构建可用于水资源的定量分析、水质监测以及水资源的合理配置。这对于实现水资源的可持续利用至关重要。

4. 自然资源与农业

在自然资源管理和农业领域，空间数据分析与模型构建为资源利用和农业决策提供了重要支持：

土壤质量分析：利用地理信息数据和模型构建，可以对土壤质量进行评估，并为农业生产提供合理的土地利用建议。

森林资源管理：空间数据分析与模型构建可用于监测森林覆盖变化、估算木材资源量，并支持可持续森林管理策略的制定。

5. 大气科学与气象学

在大气科学和气象学领域，空间数据分析与模型构建有助于理解和预测气象变化。

气象数据分析：利用地理信息数据，可以分析气象站点观测数据的空间分布特征，构建气象模型用于预测不同地区的气象变化。

气象灾害模拟：利用模型构建，可以模拟和预测气象灾害，如台风、暴雨等，提前采取防范措施减轻灾害影响。

（五）未来发展趋势

1. 人工智能与深度学习

未来，人工智能和深度学习技术将进一步融入空间数据分析与模型构建领域。通过深度学习算法，可以更精准地识别和预测地理空间中的复杂模式和关系。

2. 高分辨率遥感数据应用

随着高分辨率遥感数据的不断增加，空间数据分析与模型构建将更多地利用这些数据。高分辨率数据有助于提高空间数据分析的精度，支持更详细的模型构建。

3. 时空一体化

时空一体化是未来空间数据分析的重要趋势。不仅要考虑空间维度，还要考虑时间维度，以更好地理解和模拟地理空间现象的时空演变过程。

4. 边缘计算

随着边缘计算技术的发展，将有更多的空间数据分析和模型构建任务在边缘设备上完成，实现更即时、实时的空间决策支持。

5. 开源工具和平台

未来将更多关注开源工具和平台的发展，使更多的研究者和从业者能够轻松地访问和利用空间数据分析与模型构建的工具，推动领域的进一步发展。空间数据分析与模型构建是地理信息科学领域的关键研究方向，广泛应用于城市规划、环境科学、农业、气象学等多个领域。随着技术的不断发展，人工智能、高分辨率遥感数据、时空一体化等将推动空间数据分析与模型构建不断创新。未来，这一领域将继续为解决复杂的地理问题和推动可持续发展做出贡献。

第二章 土木工程测量技术与方法

第一节 经典测量方法与工具

一、传统测量工具与方法

测量是一门古老而又重要的科学技术，早在人类文明发展的初期就有了测量需求。传统测量工具与方法是指在现代高科技测绘工具出现之前，人们所采用的传统手段和设备进行测量的方法。这些传统工具和方法虽然在某些方面不如现代技术先进，但它们为人类测绘和地理空间数据的获取提供了基础，对于古代建筑、地图绘制、土地管理等领域起到了不可替代的作用。本书将探讨传统测量工具与方法的种类、原理以及在不同领域的应用。

（一）传统测量工具

1. 量尺

量尺是一种古老的测量工具，其原理基于长度的直接比较。最早的量尺可能是用于比较长度的手指或脚步，随着技术的进步，人们开始使用更精确的量尺。木质量尺、金属尺等都是传统测量中常见的工具，用于测量直线距离。

2. 圆规

圆规是一种用于测量或画圆的工具，由两腿和一个连接两腿的调节装置组成。通过调节装置，可以使两腿之间的距离改变，从而画出不同半径的圆。圆规常用于绘图、建筑和工程测量中。

3. 量角器

量角器是用于测量角度的工具，通常由一个半圆形的标尺和一个可移动的指针组成。通过放置量角器的基准边和测量对象之间，可以准确测量角度。量角器在地图绘制、建筑设计和工程测量中得到广泛应用。

4. 曲尺

曲尺是一种用于测量和绘制曲线的工具。它通常由一系列相互连接的小段组成，每一小段都是直的，但当它们连接在一起时，可以形成弯曲的形状。曲尺在艺术绘画、船舶设计等领域中常被使用。

5. 水准仪

水准仪是一种测量地表高程差异的工具。传统水准仪通常包括一个水平的管状水准气泡，通过观察水泡的位置，可以确定测量点相对于水平面的高度。水准仪在建筑施工、道路工程等领域中得到广泛应用。

（二）传统测量方法

1. 几何测量法

几何测量法是通过几何原理进行测量的方法。例如，使用三角形相似原理进行距离的测量，通过角度的测量进行导线测量等。这些方法在传统测量中被广泛使用，尤其在地理测量和土地测绘方面。

2. 三角测量法

三角测量法是一种基于三角形原理的测量方法。通过测量已知边长的三角形的角度和边长，可以利用三角函数计算其他未知边长。这种方法常用于山区或无法直接测量距离的地方，如地球表面的远距离测量。

3. 尺规测量法

尺规测量法是一种用尺和规测量物体尺寸的方法。通过在已知尺度上测量，然后使用尺规等工具进行比例计算，可以获得物体的实际尺寸。这种方法在建筑、地图绘制等领域得到广泛应用。

4. 链条测量法

链条测量法是一种测量距离的传统方法。测量人员使用一定长度的链条，通过将链条铺设在地面上，然后统计链条的数量来测量距离。链条测量法常用于平坦且较短距离的地面测量。

5. 天文测量法

天文测量法是古代测量时间和空间的一种方法。通过观察天体的运动、日晷的影子等现象，人们可以获得时间和方向的信息。这在导航、季节预测等方面具有重要意义。

（三）传统测量在不同领域的应用

1. 地图制图

在地图绘制领域，传统测量工具和方法起到了关键作用。使用尺、圆规、量角器等工具进行地理测量，通过三角测量法确定地点之间的距离，使用水准仪测量地表高程，这些传统测量方法为制作准确的地图提供了基础数据。在没有先进技术支持的古代，地图制图者依赖这些简单而有效的测量工具，为人们提供了关于地理空间的基本信息。

2. 建筑工程

在建筑工程中，传统测量工具如量尺、圆规、曲尺等被广泛应用于测量建筑物的尺寸、角度和曲线形状。这些工具在建筑设计、建造和修复中都扮演了重要角色。水准仪的应用帮助确保建筑物水平和垂直的精确度，而链条测量法则在建筑现场进行地面测量，确保建筑物的布局和尺寸满足设计要求。

3. 农业领域

在农业领域，尺规测量法常用于测量农田的大小和形状。农民可以使用传统的测量工具来划分土地，合理规划农田布局。此外，传统测量方法也可用于测量水源位置、灌溉渠道的长度等，为农业生产提供重要的空间信息。

4. 土地测量与界址标定

在土地管理和界址标定方面，传统测量方法仍然被广泛采用。测量员使用传统的测量工具，如量尺、圆规、角度测量工具，精确测量土地的边界和面积。这些传统测量方法在土地所有权划分、土地使用规划和土地交易中发挥着关键作用。

5. 文物保护与考古学

在文物保护和考古学领域，传统测量工具和方法被广泛应用于测量和记录古代建筑、文物和考古现场。传统的测量工具能够提供对建筑结构、文物尺寸和地理坐标的准确记录，有助于文物保护、修复和研究。

（四）传统测量的局限性

尽管传统测量工具和方法在古代发挥了不可替代的作用，但它们也存在一些局限性。

1. 精度限制

传统测量工具的精度通常受到材料和制造工艺的限制。尺的分度、圆规的制作精度，以及测量员的个体技能都会对测量的精度产生影响，尤其在需要高精度的应用领域，传统测量方法可能无法满足要求。

2. 时间消耗

传统测量方法通常需要较长的时间来完成，特别是在大范围、复杂地形的测量中。相比之下，现代高科技测绘工具能够更快速、高效地获取大量的空间数据。

3. 受环境限制

在一些恶劣或复杂的环境中，如高海拔山区、丛林等地，传统测量工具可能受到较大限制。这些环境可能影响观测的可行性和准确性，而现代技术在这些环境下具有更大的优势。

4. 缺乏数据记录与处理能力

传统测量工具通常缺乏数据记录和处理的能力。现代技术可以通过自动化的数据记录和处理，将大量的测量数据快速转化为可用的信息，而传统测量通常需要更多的手动操作。

（五）结论与展望

传统测量工具与方法是人类测绘和地理空间数据获取的基石，为古代建筑、地图绘制、土地管理等领域提供了基础数据。尽管现代高科技测绘工具逐渐取代了传统方法，但传统测量在一些特定领域仍然具有一定的应用价值。传承和保护传统测量技术的知识，将有助于更好地理解和保留人类测量科学的发展历程。未来，随着科技的不断发展，新旧测量方法的结合将有助于更全面、高效地获取和利用地理空间数据。

二、光学测量方法

光学测量是一种利用光学原理和技术进行测量的方法，广泛应用于各个领域，包括工业制造、医学、地质勘探、地图制图等。光学测量方法以其非接触、高精度、高效率等特点，成为现代测量领域的重要手段之一。本书将介绍光学测量的基本原理、常见的光学测量方法以及在不同领域的应用。

（一）光学测量的基本原理

1. 光的波动性

光是一种电磁波，具有波动性质。在光学测量中，利用光的波动性进行测量是基本原理之一。通过测量光的波长、频率和相位等特性，可以获取目标物体的相关信息。

2. 光的传播方式

光的传播方式包括直线传播和衍射传播。直线传播是指光沿直线传播的方式，常用于远距离测量。衍射传播是指光经过边缘或障碍物后产生波动现象，这种现象可以用于测量物体的微小结构和形状。

3. 光的干涉和衍射

干涉和衍射是光学测量中常用的原理。干涉是指两个或多个光波相互叠加形成干涉条纹的现象，通过观察和分析这些条纹可以获取测量信息。衍射是指光波经过边缘或障碍物后发生弯曲传播的现象，通过观察衍射图样可以获得物体的细节信息。

4. 光的反射和折射

光的反射是指光波碰到物体表面后返回的现象，通过测量反射角度可以获取表面形状和质地信息。光的折射是指光波穿过介质界面后改变传播方向的现象，通过测量折射角度可以获得介质的光学性质。

（二）常见的光学测量方法

1. 光学干涉测量法

（1）薄膜干涉

薄膜干涉是通过测量透明薄膜表面上的干涉条纹来获取薄膜厚度和折射率等信息的方法。常见的薄膜干涉测量装置包括 Michelson 干涉仪和白光干涉仪。

（2）Michelson 干涉仪

Michelson 干涉仪是一种基于干涉现象的测量装置，由一束入射光分成两束，经反射后再次合并，通过观察干涉条纹的变化可以测量光程差，进而获取被测物体的形状或位移等信息。

2. 光学衍射测量法

（1）衍射光栅

衍射光栅是通过光波的衍射现象形成的干涉条纹，通过观察和测量这些条纹可以获取物体的形状、尺寸和表面质量等信息。衍射光栅广泛应用于精密测量和光学元件的检测。

（2）衍射光学显微术

衍射光学显微术是一种通过衍射现象来观察微小物体的显微术。例如，菲涅尔衍射和菲涅耳衍射光学显微术可以在不同的条件下观察和测量样品的微观结构。

3. 光学投影测量法

（1）投影仪测量法

投影仪测量法是一种通过投射光线来测量物体表面形状和尺寸的方法。投影仪产生的光影可以被相机或传感器捕捉，通过图像处理技术可以获取物体的三维信息。

（2）相机测量法

相机测量法利用摄像机或相机阵列捕捉目标物体的图像，通过图像处理和计算可以获取物体的形状、尺寸和位姿等信息。三角测量法和立体视觉测量法是相机测量的常见方法。

4. 光学干涉测量法

（1）全息干涉测量法

全息干涉测量法是一种通过记录和再现干涉条纹的方法进行测量。全息术可以记录物体的全息图像，再通过光的干涉效应观察物体表面的细微变化，用于测量物体的形状、位移等参数。

（2）径向干涉测量法

径向干涉测量法是通过径向光程差引起的干涉现象进行测量。它常用于测量透明薄膜的厚度、表面形貌等。通过观察干涉条纹的变化，可以获取物体表面的形状和变形信息。

5. 激光测量法

（1）激光干涉测量法

激光干涉测量法是利用激光光束的干涉现象进行测量。其中，Michelson 干涉仪、白光干涉仪等是常用的仪器。激光干涉仪广泛应用于表面形貌、位移、震动等测量领域。

（2）激光测距法

激光测距法利用激光的直线传播特性，通过测量激光的飞行时间或相位差来获取目标物体到激光发射点的距离。激光测距仪广泛应用于地理测绘、建筑测量、工业制造等领域。

6. 全站仪测量法

全站仪是一种集成了望远镜、测距仪和角度测量仪等功能的测量仪器。它通过激光或红外线测距、测角，实现对目标物体的三维坐标测量。全站仪在土木工程、建筑测量等领域得到广泛应用。

（三）光学测量在不同领域的应用

1. 工业制造

光学测量在工业制造领域中有着广泛的应用。例如，激光干涉测量可用于检测工件的平整度和表面质量；全息干涉测量法可用于检测零件的形状和尺寸；相机测量法可用于机械零件的三维形貌测量。这些方法具有高精度、高效率的特点，提高了工业制造的质量控制和生产效率。

2. 医学影像测量

在医学领域，光学测量被广泛应用于医学影像的获取和分析。例如，相机测量法可用于拍摄和分析医学影像，如 X 射线片、CT 图像等，用于医学诊断和手术规划。激光测距法可用于测量生物体表面的形状和变形，支持医学研究和手术导航。

3. 地理测绘

在地理测绘领域，激光测距法和全站仪测量法被广泛应用于绘制地图、测量地形和地貌。激光测距法通过激光测量地面点的坐标，实现了高精度的三维地图制作。全站仪测量法则可用于测量地物的空间坐标，支持土地测绘和工程测量。

4. 建筑工程

在建筑工程中，全站仪测量法常用于建筑物的布置和建设过程中的尺寸测量。激光测距法可用于建筑物的立面测量和结构变形的监测。这些光学测量方法提供了高精度的建筑测量数据，有助于确保建筑物的质量和安全。

5. 航空航天

在航空航天领域，激光测量被广泛应用于飞机和航天器的结构检测。激光干涉仪和激光测距仪可用于测量飞机表面的形状、变形和振动，为飞行安全提供关键信息。全息术可用于记录飞机或航天器的外部形貌，支持设计和维护。

（四）未来发展趋势

1. 光学与计算的融合

未来光学测量将更多地与计算科学相结合。通过引入计算机视觉、深度学习等技术，提高测量数据的处理速度和精度，拓展光学测量的应用领域。

2. 微纳尺度测量技术

随着科技的进步，对微纳尺度测量精度的要求越来越高。未来的光学测量技术将更注重在微纳尺度下实现更高精度的测量，以满足微电子、生物医学等领域的需求。

3. 全息和立体显示技术

在全息和立体显示技术的支持下，光学测量可以更直观、真实地呈现物体的形状和结构。这将推动光学测量在虚拟现实、增强现实等领域的应用。

4. 多模态数据融合

未来光学测量可能越来越倾向于整合多种传感器和数据源，实现多模态数据融合。通过结合光学传感器与其他传感器，如雷达、摄像机、惯性传感器等，可以提高综合信息的准确性和可靠性，拓展测量的维度和深度。

5. 空间三维成像技术

随着对空间信息需求的增加，光学测量在三维成像方面的发展将更为突出。例如，基于光学的激光雷达技术可实现高精度、高分辨率的三维空间成像，为城市规划、环境监测等领域提供更详细的信息。

6. 自动化与智能化

未来光学测量系统将更加自动化和智能化。自动化的测量系统能够自主完成数据采集、处理和分析，减轻人工干预的负担。智能化则意味着系统具备学习和适应能力，能够根据不同任务的需求调整参数和算法。

7. 生物医学应用

光学测量在生物医学领域的应用也将持续增加。例如，激光扫描显微镜、光学相干层析成像等技术在生物组织、细胞结构的高分辨率成像中发挥着重要作用。这对于医学诊断、生物学研究以及医疗治疗方面具有重要意义。

8. 环境监测

光学测量在环境监测中也将继续发挥作用。激光测距技术可以应用于大气污染的监测，全息术可应用于地球表面的形貌变化观测，光学相干层析成像可以应用于水质监测等。

光学测量作为一种重要的非接触式测量技术，在科学研究、工业制造、医学诊断、地理测绘等众多领域都发挥着不可替代的作用。随着科技的不断发展，光学测量方法不断创新，其精度、速度、应用领域也在不断拓展。

从传统的光学干涉测量、衍射测量到现代的激光测距、全站仪测量，光学测量已经取得了巨大进步。未来，随着科技的不断进步，光学测量技术将更多地融入自动化、智能化系统中，实现更广泛、更高效的应用。

光学测量的不断创新与发展将进一步推动科学研究、工业制造、医学健康等领域的进步，为人类社会的可持续发展提供重要支持。在应对未来的挑战和需求时，光学测量技术的发展将继续发挥关键作用，为各个领域提供更先进、更可靠的测量解决方案。

三、手持测量工具的应用

手持测量工具是一类方便携带、简便操作的测量设备，广泛应用于各个领域，包括建筑、制造、地理测绘、医疗、农业等。这些工具以其灵活性和便携性，为用户提供了实时、高效的测量解决方案。本书将探讨手持测量工具的基本类型、工作原理以及在不同领域的应用。

（一）手持测量工具的基本类型

手持测量工具的类型多种多样，涵盖了长度测量、角度测量、位置测量等多个方面。以下是一些常见的手持测量工具。

1. 钢卷尺

工作原理：钢卷尺是一种用于长度测量的工具。其主要部分是一条带有刻度的卷尺，通过将卷尺展开并沿被测长度表面贴合，读取刻度值来测量长度。

应用领域：钢卷尺广泛应用于建筑、土木工程、装配生产线等领域，用于测量各种长度，如房屋尺寸、管道长度等。

2. 电子测距仪

工作原理：电子测距仪利用激光或超声波等技术发射信号，测量信号的往返时间或相位差，从而计算出被测距离。

应用领域：电子测距仪广泛应用于建筑、室内设计、地理测绘等领域，能够精确快速地测量距离，并常用于工地勘测、房屋测量等场景。

3. 数字角度计

工作原理：数字角度计通过陀螺仪或加速度计等传感器，测量设备相对水平面的角度，并通过数字显示或输出角度数值。

应用领域：数字角度计在建筑、机械制造、车辆校准等领域得到广泛应用，用于测量物体的倾斜角度或旋转角度。

4. 手持式 GPS 设备

工作原理：手持式 GPS 设备通过接收卫星信号，定位用户的地理位置，并提供经度、纬度等信息。

应用领域：手持式 GPS 设备在地理测绘、野外探险、导航等领域发挥着重要作用，帮助用户确定位置并规划路径。

5.手持式测温仪

工作原理：手持式测温仪通过红外线或接触式传感器测量目标物体的温度，并将温度数据显示或输出。

应用领域：手持式测温仪在医疗、食品安全、工业生产等领域广泛应用于测量物体表面温度，检测异常温度。

6.手持式激光扫描仪

工作原理：手持式激光扫描仪通过发射激光束并测量其返回时间或相位差，生成目标物体的三维点云数据。

应用领域：手持式激光扫描仪在建筑测绘、文物保护、工业设计等领域用于获取精确的三维形状信息。

（二）手持测量工具的应用领域

1.建筑与土木工程

在建筑和土木工程中，手持测量工具是不可或缺的设备。例如，使用钢卷尺测量房间尺寸，电子测距仪测量建筑物的高度，数字角度计测量构件的倾斜角度，手持式激光扫描仪获取建筑物的三维数据。这些工具帮助建筑师、工程师和施工人员准确测量和记录各种数据，支持建筑设计、施工规划和工程监测。

2.制造业

在制造业中，手持测量工具被广泛应用于质量控制和生产过程中的测量任务。例如，使用电子测距仪检测零件尺寸，数字角度计检查机械部件的装配角度，手持式测温仪监测设备的温度。这些工具帮助制造商确保产品符合规格，提高生产效率，减少次品率。

3.地理测绘与导航

手持式 GPS 设备在地理测绘和导航领域发挥着重要作用。探险者、地理学家、野外科研人员可以使用手持式 GPS 设备确定位置、记录路线，支持地图制作和野外调查。此外，这些设备也被广泛应用于城市规划、土地测绘、野外探险等领域，提供准确的地理信息。

4.医疗行业

手持测量工具在医疗行业中也具有重要应用。手持式测温仪可用于测量患者体温，数字角度计可用于检测患者关节的活动范围，电子测距仪可用于测量体型参数。这些工具为医护人员提供了快速、精确的测量手段，有助于医学诊断和治疗。

5.农业领域

在农业领域，手持测量工具帮助农民和农业专业人士更好地管理农田和农作物。电子测距仪可用于测量农田面积，手持式激光扫描仪可用于测量果树的生长情况，手持式GPS设备可用于标记种植点和采集地理信息，这些工具提高了农业生产的效率和管理水平。

6. 环境监测

手持测量工具在环境监测中扮演着重要角色。手持式测温仪可用于监测环境温度，手持式激光扫描仪可用于测量地表形貌，电子测距仪可用于测量空气质量中的颗粒物。这些工具帮助环境科学家和监测人员更好地了解自然环境的变化和趋势，为环境保护和治理提供科学依据。

（三）手持测量工具的优势与挑战

1. 优势

（1）便携性

手持测量工具通常设计轻便，易于携带。用户可以随时随地进行测量，不受场地限制，提高了测量的灵活性和效率。

（2）快速响应

手持测量工具通常具有即时测量和显示的功能，用户可以迅速获取测量结果。这对于需要迅速决策和操作的场景非常有益。

（3）精度适用范围广

尽管手持测量工具相对于一些大型精密测量设备来说精度可能稍低，但在许多领域，它们的精度已经足够满足实际需求，而且价格相对较低。

2. 挑战

（1）精度限制

一些高精度测量任务可能需要专业的大型仪器来完成，手持测量工具在精度上存在一定限制。因此，在一些对精度要求极高的领域，可能需要考虑使用更专业的设备。

（2）测量范围有限

一些手持测量工具的测量范围有一定的限制，如电子测距仪的测量距离。在大范围或需要远距离测量的场景中，可能需要使用其他更适合的测量工具。

（3）对操作人员技能的依赖

一些手持测量工具的使用需要一定的技能和操作经验，操作人员的熟练程度可能会影响测量结果的准确性。因此，在使用前需要对操作人员进行培训。

手持测量工具以其便携性、灵活性和实时性，在建筑、制造、地理测绘、医疗、农业等各个领域都发挥着重要作用。它们为用户提供了一种方便快捷、即时可用的测量解决方案，为现代社会的各个行业提供了必要的技术支持。

第二节 高精度全站仪测量技术

一、高精度全站仪原理与构成

高精度全站仪是一种用于测量地面和建筑物等场地的仪器，它能够实现高精度的水平角和垂直角测量，同时具备测距和数据处理等功能。全站仪的原理和构成涉及光学、电子、机械等多个领域，下面将详细介绍。

（一）高精度全站仪的原理

1. 测角原理

全站仪测量角度的基本原理是利用光学仪器测量两点之间的水平角和垂直角。典型的全站仪采用电子全息水平仪和垂直仪来测量角度。水平仪通过检测光的干涉现象，测量水平方向上的角度；垂直仪则通过检测重力方向，测量垂直方向上的角度。

2. 测距原理

高精度全站仪通常采用调频连续波测距原理。它通过发射调频连续波，接收被测点反射回来的信号，通过测量信号的相位差来计算距离。这种原理具有测距精度高、测量速度快的优势。

3. 自动追踪原理

全站仪通常配备自动追踪功能，能够自动锁定并追踪测量目标。这是通过在仪器上安装激光发射器和接收器，利用激光束来实现对目标的自动追踪。

4. 数据处理原理

测量数据的处理是全站仪的重要功能之一。通过内置的微处理器，全站仪能够实现数据的存储、处理和显示。测量数据可以通过仪器的显示屏直观地查看，也可以通过数据接口传输到计算机进行进一步的处理和分析。

（二）高精度全站仪的构成

1. 望远镜系统

全站仪的望远镜系统通常由目镜和物镜组成，用于观测测量目标。目镜可通过调节来对准测量目标，物镜则负责接收反射光。高精度全站仪的望远镜通常具有高倍率、低畸变等特点。

2. 测角系统

包括水平和垂直角的测量系统。水平角通常由电子全息水平仪测量，而垂直角则由垂直仪测量。这些系统通过精密的光学和电子元件，确保测量角度的高精度和高稳定性。

3. 测距系统

采用调频连续波测距原理，包括发射器、接收器和相位测量等组件。这些组件协同工作，实现对测量目标的高精度距离测量。

4. 自动追踪系统

由激光发射器、接收器和自动控制系统组成。激光束用于定位和锁定测量目标，自动控制系统负责调整望远镜的方向，实现对目标的自动追踪。

5. 数据处理和显示系统

内置微处理器用于数据的存储、处理和管理。全站仪配备显示屏，可以直观显示测量数据。此外，还包括数据接口，用于将测量数据传输到计算机进行进一步处理。

6. 电源系统

通常使用可充电电池供电，确保全站仪在野外工作时有足够的电力支持。

综上所述，高精度全站仪通过光学、电子和机械等多个方面的协同工作，实现了对地面和建筑物等场地的高精度测量。其精密的测角和测距系统，自动追踪功能以及数据处理和显示系统，使其成为现代测量和工程领域不可或缺的工具。

（三）高精度全站仪的应用领域

1. 土木工程

全站仪广泛应用于土木工程领域，用于测量地形、建筑物结构、道路等。通过高精度的测量数据，工程师能够进行精确的设计和施工规划，确保工程的质量和安全。

2. 建筑测量

在建筑领域，全站仪可用于建筑物的平面和立面测量，包括楼面高度、墙体倾斜度等。这些数据对建筑设计和监测具有重要意义。

3. 地理信息系统（GIS）

全站仪的高精度测量数据可用于更新和完善地理信息系统。通过将测量数据与地理坐标系统结合，可以创建准确的地理空间数据，支持城市规划、资源管理等方面的决策。

4. 矿山测量

在矿业领域，全站仪可用于测量矿山地形、开采区域等。高精度的测量数据有助于提高矿山的开采效率和安全性。

5. 工业测量

全站仪还广泛应用于工业测量，如工厂布局设计、设备安装等。通过测量得到的准确数据，有助于提高工业生产的效率和质量。

6. 环境监测

在环境科学领域，全站仪可用于监测地表沉降、地质变化等，这对于环境保护和灾害预警具有重要意义。

（四）高精度全站仪的发展趋势

1. 高精度定位技术

随着卫星导航系统的不断发展，全站仪的高精度定位技术将得到进一步提升，使得在复杂环境下的测量更加准确可靠。

2. 多传感器融合

未来的全站仪可能会采用多传感器融合技术，结合激光雷达、惯性导航等传感器，以提高测量的稳定性和鲁棒性。

3. 智能化和自动化

全站仪的智能化和自动化水平将进一步提高，使得操作更加简便，数据处理更加快速，满足用户对效率和便捷性的需求。

4. 更轻便的设计

随着科技的进步，全站仪可能会朝着更轻便、便携化的方向发展，以适应更广泛的应用场景。

5. 更丰富的功能

未来的全站仪可能会融合更多的功能，如三维建模、虚拟现实等，以满足不同领域用户的需求。

总体而言，高精度全站仪作为现代测绘和工程领域的重要工具，其原理和构成体现了光学、电子和机械等多个领域的先进技术。随着科技的不断发展，全站仪将继续在各个领域发挥关键的作用，并不断提升其测量精度和功能，以适应不断变化的需求。

二、高精度全站仪在土木工程中的应用

高精度全站仪是土木工程中不可或缺的测量工具，它通过先进的光学、电子和机械技术，能够实现对地表、建筑物及其他结构的高精度测量。在土木工程中，全站仪的应用涵盖了多个方面，包括地形测量、建筑布局、道路设计、施工监测等。以下是高精度全站仪在土木工程中的主要应用方向。

（一）地形测量与工程测量

1. 地形测量

在土木工程项目初期，对工程场地的地形进行精确测量是非常关键的。高精度全站仪通过测量地表的水平角和垂直角，可以绘制出地形的精确三维模型。这些地形数据对于规划、设计和工程预测都至关重要。

2. 体积测算

在土木工程中，常常需要测算土方工程的体积，包括挖方和填方。全站仪可以快速

而准确地测定不同地表高程的点，从而计算出工程现场的体积，为工程进度和资源管理提供科学依据。

3. 工程测量

全站仪在土木工程中的应用不仅限于地形测量，还包括建筑物、桥梁、隧道等工程结构的测量。例如，在建筑施工前，全站仪可以用于测绘建筑物的平面和立面，确保施工的精确性。

（二）建筑施工和布局

1. 建筑布局

全站仪在建筑施工中的一项重要任务是建筑物的布局。它能够帮助测量员在施工现场准确确定建筑物的位置、方向和高程，确保建筑物按照设计图纸精准地进行施工。

2. 基坑监测

在基坑开挖过程中，全站仪可以用于监测基坑的形状、深度和坡度。通过实时监测，工程团队可以及时发现并解决潜在的安全隐患，确保基坑施工的稳定性。

3. 桥梁施工

在桥梁工程中，全站仪可用于测量桥墩、桥台和桥梁构件的位置和高程，确保各部分的准确对位，这对于桥梁的结构完整性和安全性至关重要。

（三）道路设计和监测

1. 道路纵横断面测量

在道路设计中，全站仪可以用于测量道路的纵横断面，包括地表高程、横断面坡度等。这些数据对于道路设计的合理性和施工的顺利进行至关重要。

2. 道路平整度监测

道路平整度对于交通安全至关重要。全站仪可以用于监测道路表面的平整度，及时发现并修正道路表面的不平整，确保道路的行车安全性。

3. 隧道施工

在隧道工程中，全站仪可用于测量隧道的轮廓、断面和地质情况。这有助于确保隧道施工的准确性，防止因地质变化导致的工程问题。

（四）工程监测和变形分析

1. 变形监测

在土木工程中，全站仪可以用于监测建筑物、桥梁等结构体的变形情况。通过周期性的测量和分析，可以及时发现结构体的变形趋势，确保工程的稳定性。

2. 坡地稳定性监测

对于具有坡地的工程，全站仪可以用于监测坡地的稳定性。通过测量地表高程和地形，及时发现坡地变形迹象，有助于采取防护措施，减少地质灾害的发生。

（五）数据处理与 GIS 集成

1. 数据处理

全站仪通过内置的微处理器，可以对采集到的测量数据进行实时处理。这些数据不仅可以在仪器本身的显示屏上查看，还可以通过数据接口传输到计算机，进行更加复杂的处理。

2.GIS 集成

全站仪采集到的地理空间数据可以与地理信息系统（GIS）集成，为工程项目提供更全面的空间信息，这将有助于更好地管理土地资源、规划城市发展等。

总体而言，高精度全站仪在土木工程中的应用不仅仅是测量工具，更是工程项目成功实施的重要保障。其不断发展的技术和功能将为土木工程提供更为精确、高效的测量手段，推动土木工程行业向数字化、智能化的方向发展。土木工程人员也需要不断学习和适应新技术，以更好地应对未来工程测量的挑战。

三、数据采集与处理

（一）概述

数据采集与处理是土木工程中不可或缺的环节，其质量和准确性直接关系到工程设计、施工和监测的成功。随着科技的进步，数据采集与处理技术得到了很大发展，包括全站仪、激光扫描仪、遥感技术等的广泛应用，为土木工程提供了更为精准和全面的数据支持。

（二）数据采集技术

1. 全站仪技术

全站仪是一种高精度的测量仪器，能够同时测量水平角、垂直角和斜距。在土木工程中，全站仪广泛应用于建筑测量、道路设计、地形测绘等领域。通过全站仪进行测量，可以获取准确的空间坐标信息，为工程设计和施工提供基础数据。

2. 激光扫描技术

激光扫描技术通过激光束在目标表面的反射来获取目标的三维坐标信息。这项技术能够实现高密度的点云数据采集，广泛应用于建筑物、桥梁、隧道等工程结构的三维建模和监测。激光扫描具有高精度、高效率的特点，可以快速获取大范围区域的详细信息。

3. 遥感技术

遥感技术通过卫星、飞机等远距离的传感器获取地表信息。在土木工程中，遥感技术常用于获取大范围的地形、植被、土地利用等数据。这种非接触的数据采集方式不仅具有广阔的适用范围，而且能够提供大面积、多时相的数据，为工程规划和环境监测提供有力支持。

4.传感器技术

传感器技术包括各类传感器，如位移传感器、应变传感器、温度传感器等。这些传感器可以直接测量工程结构的变化和性能。在土木工程中，位移传感器常用于监测建筑物的变形，应变传感器用于测量结构的应力变化，温度传感器则用于监测温度变化对结构的影响。

（三）数据处理技术

1.数据处理流程

数据处理的流程包括数据清理、数据配准、特征提取、模型构建等多个步骤。清理是指对原始数据进行筛选、修复、去噪等处理，确保数据的质量。配准是指将不同传感器或不同时间采集的数据进行匹配，保证数据的一致性。特征提取是从原始数据中提取关键信息，如提取建筑物的轮廓、道路的中心线等。模型构建则是将处理后的数据建模，如建立三维模型、地理信息系统（GIS）模型等。

2.三维建模与虚拟现实

通过数据采集和处理，可以构建精细的三维建模，实现对工程结构、地形地貌等的高度还原。这种三维模型不仅可以应用于工程设计、规划，还可以应用于虚拟现实（VR）技术，实现对工程场景的虚拟漫游、仿真分析等。

3.数据可视化与分析

数据处理后的结果通常需要以可视化的方式展现，便于工程人员直观理解和分析。数据可视化技术包括图表、地图、动画等，能够使得大量的数据更加直观、易懂。同时，数据分析技术则通过数学、统计等方法对数据进行深入分析，挖掘潜在的规律和信息。

4.GIS集成

地理信息系统（GIS）是一种用于存储、管理、分析地理信息的系统。通过将采集的地理空间数据与GIS集成，可以实现更广泛的数据应用，包括城市规划、资源管理、环境监测等。GIS集成不仅提高了数据的综合利用价值，还为决策提供了更多参考依据。

（四）数据采集与处理在土木工程中的应用

1.工程设计与规划

在土木工程的设计与规划阶段，通过高精度全站仪、激光扫描仪等进行数据采集，可以获取工程场地的地形、建筑物轮廓等详细信息。这些数据通过三维建模和GIS集成，为工程设计提供精确的基础数据，确保设计方案的合理性和可行性。

2.工程施工与监测

工程施工阶段，数据采集与处理技术被广泛应用于施工现场的实时监测。通过传感器监测结构变形、全站仪测量建筑物位置、激光扫描仪检测工地现状等手段，可以及时获取工程进展情况，监控施工过程中的变化。这有助于工程管理团队及时调整施工计划，预防潜在的问题，提高施工效率和质量。

3. 地质勘探与环境监测

在地质勘探和环境监测中，数据采集与处理对于预测地质灾害、监测环境变化至关重要。使用遥感技术获取大范围的地表信息，激光扫描仪监测山体变形，全站仪测量河流水位等，都为地质灾害和环境问题的监测与预警提供了科学依据。

4. 道路与交通规划

在道路与交通规划中，数据采集与处理技术可以通过全站仪获取道路的地形数据，通过激光扫描仪获取路况信息，通过遥感技术获取交通流量等数据。这些数据可用于道路设计、交通流分析，为城市交通规划提供科学依据。

5. 结构健康监测

在工程结构健康监测中，传感器技术是至关重要的一部分。通过布置应变传感器、位移传感器等，可以实时监测结构的变化和性能。这有助于提前发现结构可能存在的问题，采取维护措施，延长工程寿命，确保结构安全可靠。

6. 灾害应急响应

数据采集与处理在灾害应急响应中发挥着重要作用。例如，在地震灾害中，通过激光扫描技术和全站仪，可以迅速获取灾区地形信息，为灾害评估和救援提供支持。数据处理技术还能够通过图像识别、模式识别等方法，自动分析灾害区域的情况，提高救援效率。

（五）数据采集与处理的挑战与发展趋势

1. 挑战

大数据管理：随着数据量的增加，管理和存储大规模数据成为一个挑战。土木工程项目中产生的数据往往包含大量的点云、图像和传感器数据，如何高效地管理和存储这些数据是一个亟待解决的问题。

数据安全：在数据采集、传输和处理的过程中，数据的安全性备受关注。工程数据往往涉及商业机密和个人隐私，因此数据安全和隐私保护成为当前和未来的挑战之一。

多源异构数据整合：土木工程项目中使用的数据来自不同的传感器、仪器和平台，这些数据可能具有不同的格式和坐标系统。如何有效整合这些多源异构数据，使其协同工作，是一个技术上的挑战。

2. 发展趋势

人工智能与机器学习：人工智能（AI）和机器学习（ML）的应用将在数据采集与处理中发挥越来越重要的作用。通过训练模型，实现对数据的智能分析、自动识别、异常检测等功能，提高数据处理的效率和准确性。

区块链技术：区块链技术的引入将有助于解决数据安全和隐私保护的问题。区块链的去中心化、不可篡改的特性有助于确保数据的安全性和可信度。

边缘计算：随着传感器技术的发展，边缘计算将成为一个重要的发展方向。通过在传感器端进行数据处理和分析，减少对中心服务器的依赖，提高实时性和减轻数据传输的压力。

云计算与协同平台：云计算技术的发展使得数据的存储和处理更加灵活和可扩展。未来土木工程项目可能更多地采用云计算平台，实现数据的共享、协同和在线处理。

数据采集与处理作为土木工程中的关键环节，不仅为工程设计、施工和监测提供了精准的数据支持，也在智能化、数字化的发展趋势下不断演进。面对挑战，科技的不断进步和新技术的应用，将为数据采集与处理提供更多创新的解决方案。土木工程领域将继续受益于数据采集与处理技术的发展，推动工程建设朝着更高效、更可持续发展的方向迈进。

第三节　GPS 与土木工程测量应用

一、GPS 原理与工作机制

全球定位系统（Global Positioning System，GPS）是一种卫星导航系统，由美国国防部维护，用于提供全球范围内的准确三维定位和导航信息。GPS 系统的原理和工作机制基于卫星、地面控制站和用户接收设备的复杂协同工作。本书将深入探讨 GPS 的原理和工作机制，涵盖卫星发射、信号传播、接收与处理等方面。

（一）GPS 系统的基本组成

1.卫星组成

GPS 系统由一系列维护在轨道上的卫星组成。目前，GPS 系统主要包含以下三个不同轨道层次的卫星。

NAVSTAR 卫星：这是 GPS 系统中的主要卫星，提供导航和测量服务。它们位于中轨道，每颗卫星绕地球运行两次。

GEO 卫星：地球同步轨道上的卫星，负责传输差分 GPS 信号，提供更高的精度和可靠性。

IGSO 卫星：中间轨道上的卫星，提供导航信号。

2. 地面控制站

地面控制站负责监测卫星状态、时钟校准和纠正轨道误差。这些站点通过测量从卫星发射的信号的传播时间，确定卫星的位置，并向卫星发送校准信号。

3. 用户接收设备

用户接收设备是 GPS 系统的终端，安装在汽车、手机、船只等设备上，用于接收和处理卫星发射的信号，计算用户的精确位置。

（二）GPS 原理

1. 卫星发射信号

GPS 卫星通过射频信号向地球发射信息，这些信息包括卫星的位置、时间和卫星本身的标识信息。每颗 GPS 卫星都具有独特的伪随机码（PRN 码）标识。

2. 信号传播

GPS 信号的传播包括以下两个主要阶段。

高射频发射器的传播：GPS 信号从卫星射频发射器传播到地球，受到大气层的影响。

到达用户的传播：GPS 信号从卫星发射器传播到用户的 GPS 接收设备。由于大气层的影响、天线高度等原因，信号传播会引入一些误差。

3. 信号接收与处理

用户的 GPS 接收设备通过天线接收来自多颗卫星的信号，然后对这些信号进行处理。处理的主要步骤包括：

伪距测量：接收设备通过测量信号从卫星到接收器的传播时间，计算出伪距；

差分校准：使用地面控制站的参考信号来纠正伪距中的误差，提高精度；

多普勒效应校准：考虑卫星和用户之间的相对速度，以修正接收到的信号频率；

位置计算：利用多颗卫星的信号伪距信息，通过三角测量原理计算用户的三维坐标。

（三）GPS 工作机制

1. 时间同步

GPS 的准确性与时间同步密切相关。所有卫星都需要以精确的时间进行发射信号，而用户设备也需要通过准确的时间计算信号传播的距离。为了实现这一时间同步，GPS 系统采用原子钟和地面控制站来协同工作。

2. 伪随机码

每颗卫星都使用伪随机码（PRN 码）进行标识。这是一种长周期的码，用户设备通过识别和匹配不同卫星的 PRN 码，能够确定所接收信号的来源，从而实现多颗卫星信号的处理。

3. 接收机工作原理

用户接收设备包含天线、接收机和计算单元。其工作原理主要包括：

信号接收：天线接收卫星发射的信号，并将其传递给接收机；

信号处理：接收机处理接收到的信号，包括伪距测量、多普勒频率校准等；

数据计算：接收机通过计算用户与卫星的距离，使用三角测量原理计算用户的准确位置。

4. 差分 GPS

为了提高 GPS 定位的精度，差分 GPS 技术被广泛应用。该技术通过地面控制站实时监测卫星信号误差，然后将这些误差信息传输给用户设备，使得用户设备能够更准确地计算位置。

（四）GPS 应用领域

1. 地理导航

GPS 最为广泛应用的领域之一是地理导航。汽车、飞机、船只等交通工具使用 GPS 进行导航，帮助用户确定位置、规划路线，并提供实时的导航信息。

2. 户外活动与探险

在徒步、骑行、露营等户外活动中，GPS 设备被广泛应用于定位、导航和记录轨迹。用户可以通过 GPS 追踪自己的位置，查看地图，规划路线，并在未知区域中更安全地进行探险。

3. 农业和精准农业

在农业领域，GPS 技术被广泛应用于精准农业。农民可以使用 GPS 设备来测量农田的大小、规划作物的布局，实现精准施肥、精准灌溉，提高农业生产效益。

4. 大地测量和地图制图

GPS 在大地测量和地图制图领域也发挥着关键作用。通过使用高精度的 GPS 设备，测量员能够准确获取地球表面上各点的坐标信息，为地图的绘制和更新提供了重要的数据支持。

5. 海洋导航

GPS 在海洋导航中扮演着至关重要的角色。船只、潜艇和其他海上交通工具可以通过 GPS 准确定位自己的位置，规划航线，避免碰撞，并确保安全的航行。

6. 灾害监测和救援

在灾害监测和救援方面，GPS 技术也发挥着重要作用。通过追踪危险区域、监测地质变化等，GPS 为预警系统提供了关键的实时信息。在救援行动中，GPS 帮助救援人员定位灾区，并提供最短路径，提高救援效率。

7. 航空航天

在航空和航天领域，GPS 不仅被用于飞行导航，还广泛用于飞机、卫星和航天器的定位、轨道测量和导航。

GPS 技术的原理和工作机制为全球范围内的定位和导航提供了坚实的基础。它在各个领域的应用不断拓展，为现代社会的交通、农业、环境监测等方面提供了关键支持。随着技术的不断进步，GPS 系统的性能和应用领域将继续拓展，为人类提供更多便利和创新。

二、土木工程中 GPS 的实时定位与数据采集

全球定位系统（GPS）在土木工程中扮演着至关重要的角色，为项目的实时定位和数据采集提供了高精度的解决方案。通过将 GPS 技术与现代土木工程相结合，可以实现对工程施工、监测和管理的精准控制。本书将深入探讨 GPS 在土木工程中的实时定位与数据采集的原理、方法以及应用。

（一）GPS 的基本原理

1. 卫星定位原理

GPS 是一种基于卫星定位的导航系统，其基本原理是通过接收来自卫星的信号，计算信号传播的时间，从而确定接收器的位置。GPS 系统由一组卫星、地球上的控制站和接收器组成。

卫星发射信号：GPS 卫星发射精确的时钟信号和位置信息。

接收器接收信号：GPS 接收器接收来自卫星的信号。

计算传播时间：接收器通过测量信号的传播时间，计算出到达的距离。

多点定位：利用多颗卫星的信号，接收器可以确定自身的位置，通过三角测量的原理计算经度、纬度和高度。

2. 差分 GPS 原理

差分 GPS 是通过参考站和用户接收站之间的差分数据来提高定位精度的一种技术。其原理如下。

参考站测量误差：参考站测量 GPS 信号时产生的误差，如大气延迟、卫星轨道误差等。

差分数据传输：参考站计算出误差，并将差分数据传输到用户接收站。

用户接收站修正：用户接收站接收到差分数据后，通过修正原始 GPS 信号，提高定位精度。

（二）实时定位与数据采集

1. 实时定位原理

实时定位是指通过 GPS 技术在瞬时获取接收设备位置的过程。实现实时定位的关键是确保接收设备与卫星之间的通信是稳定和准确的。具体的步骤包括：

接收卫星信号：GPS 接收器实时接收来自卫星的信号；

测量信号传播时间：通过测量信号的传播时间，计算卫星与接收器之间的距离；

多颗卫星定位：利用多颗卫星的信号，接收器实时计算位置；

差分定位（可选）：如果可用，差分 GPS 技术可用于进一步提高实时定位的精度。

2. 数据采集原理

数据采集是土木工程中的关键环节，通过 GPS 实时定位技术可以获取大量的空间数据。主要的数据采集原理包括：

坐标测量：GPS 技术可以提供准确的三维坐标信息，包括经度、纬度和高度。这对于土木工程项目的位置标记至关重要；

变形监测：差分 GPS 技术可用于实时监测结构或地形的变形。通过比较实时测量和基准测量，可以及时发现潜在的问题；

路线规划：在土木工程中，GPS 技术可用于规划工程车辆的行进路线，确保材料和人员的高效调度；

实时监控：GPS 可以实时监测设备、车辆等的位置，为工程管理提供实时数据支持。

3. 数据处理与可视化

实时定位和数据采集产生的大量数据需要进行有效处理和可视化，以便更好地支持土木工程的决策和管理。数据处理与可视化的主要步骤包括：

数据质量控制：对采集到的 GPS 数据进行质量控制，检测并修正可能的误差，确保数据的准确性；

坐标转换：将采集到的坐标数据转换为项目所使用的坐标系，确保数据的一致性和可比性；

空间分析：利用地理信息系统（GIS）等工具进行空间分析，将 GPS 数据与其他地理信息集成，从而更全面地理解土木工程的空间关系；

实时监控与报告：使用实时监控系统，对采集到的数据进行实时分析和监控，及时发现潜在问题并生成相应的报告；

可视化呈现：将处理后的数据通过图表、地图等可视化方式呈现，使工程团队能够直观地理解和分析数据，支持决策制定。

（三）GPS 在土木工程中的应用

1. 工程测量与布局

GPS 在土木工程中广泛应用于工程测量与布局。通过实时定位，工程人员可以在施工现场准确测量点的坐标，确定建筑物的位置、方向等参数，确保施工的准确性。

2. 土地测绘与规划

在土地测绘与规划中，GPS 技术为测绘员提供了高效、精确的工具。通过实时定位，可以绘制详细的地形图、用地规划图等，为城市规划和土地管理提供重要支持。

3. 施工机械与车辆管理

在施工现场，GPS 技术可用于实时监控和管理施工机械和车辆的位置。通过安装 GPS 设备，工程管理人员可以追踪设备的运动轨迹，合理规划施工路线，提高施工效率。

4. 结构健康监测

对于土木工程中的桥梁、隧道、大型建筑等结构，GPS 技术可用于实时监测结构的位移、变形等参数。这对于预防潜在问题、提高结构安全性具有重要意义。

5. 环境监测

在土木工程项目中，特别是在涉及环境敏感区域的工程中，GPS 技术可用于实时监测环境参数，如空气质量、水质等，有助于及时发现并应对环境变化对工程的影响。

6. 灾害应急响应

在自然灾害发生后，GPS 技术可用于灾害应急响应。通过实时定位和数据采集，救援人员可以更准确地了解受灾地区的情况，迅速制订救援计划。

（四）GPS 在不同土木工程阶段的应用

1. 工程规划阶段

在工程规划阶段，GPS 可用于土地测绘、地形分析、道路布局等。实时定位和数据采集为规划人员提供了高精度的空间数据，支持规划设计的决策。

2. 施工阶段

在施工阶段，GPS 可用于机械设备的定位和管理、施工进度的监测、工程质量的控制等。实时数据采集使得施工现场的管理更加科学、高效。

3. 监测与维护阶段

在工程监测与维护阶段，GPS 技术可以用于结构健康监测、环境监测、设备状态监测等。通过实时监测，工程管理人员可以及时发现潜在问题，进行预防性维护。

GPS 在土木工程中的实时定位与数据采集方面具有重要的应用前景。通过实时获取空间数据，工程团队可以更准确地了解施工现场的情况，实现精准的工程测量、规划、监测与管理。随着技术的不断进步，GPS 技术将继续发挥关键作用，并与其他先进技术相结合，推动土木工程领域朝着更智能、高效、可持续的方向发展。同时，需要克服一些挑战，如多路径效应、遮挡效应等，以确保 GPS 在复杂环境中的可靠性和稳定性。未来，GPS 将继续为土木工程提供准确的空间数据支持，助力工程建设的科技创新和可持续发展。

三、GPS 在工程测量中的精度与可靠性

全球定位系统（GPS）已经成为现代工程测量中不可或缺的工具，其广泛应用于土木工程、建筑工程、测绘工程等领域。GPS 技术通过卫星信号的接收和处理，实现对地球上任意点的精确定位。然而，在工程测量中，精度和可靠性是至关重要的考量因素。本书将深入探讨 GPS 在工程测量中的精度与可靠性，包括其基本原理、影响因素、提高精度的方法以及应注意的问题。

（一）GPS 基本原理

1. 卫星发射信号

GPS 系统由一组卫星组成，它们固定在地球轨道上。每颗卫星通过射频信号向地球发射信息，包括卫星的位置、时钟信息和卫星标识。

2. 接收器接收信号

GPS 接收器是地面上的设备，用于接收来自卫星的射频信号。接收器通过天线捕捉卫星信号，然后进行信号处理。

3. 信号处理与定位计算

接收器对来自多颗卫星的信号进行处理，计算出每颗卫星与接收器之间的距离，进而确定接收器的三维位置（经度、纬度、高度）。这个过程基于三角测量原理和时差测量。

（二）GPS 精度影响因素

1. 大气延迟

GPS 信号在穿过大气层时会发生延迟，这种延迟称为大气延迟。大气延迟会引起测量误差，尤其是在大气湿度变化较大的情况下。

2. 卫星几何配置

卫星的几何配置是指接收器所能观测到的卫星的位置关系。当卫星处于接收器上方，即天空中分布均匀时，定位精度较高。但当卫星位于天空边缘或接近地平线时，定位精度可能下降。

3. 信号多径效应

多径效应是指 GPS 信号在传播过程中，发生反射或折射，导致接收器接收到的信号包含来自多个路径的成分。这会导致距离测量误差，影响定位精度。

4.GPS 接收机钟差

接收器内部的时钟精度直接影响到定位精度。即使是微小的时钟误差也会导致测量误差的累积。

5. 天线相位中心偏移

GPS 天线的相位中心是指天线接收信号的几何中心。如果相位中心偏移，会导致距离测量的误差。

（三）提高 GPS 精度的方法

1. 差分 GPS 技术

差分 GPS 技术是提高 GPS 精度的重要手段。它通过在接收器附近设置一个已知位置的差分基站，测量基站接收到的卫星信号与实际位置的差异，然后将这个差异应用到接收器测量的信号中，从而提高测量精度。

2. 多频 GPS 接收器

传统的 GPS 接收器通常只接收 L1 频段的信号，而多频 GPS 接收器可以同时接收 L1 和 L2 频段的信号。多频接收器能够更好地消除大气延迟效应，提高定位精度。

3. 增强型 GPS 系统

一些国家和地区正在研发和部署增强型 GPS 系统，如欧洲的伽利略系统和中国的北斗系统。这些系统不仅提供更多的卫星信号，还具备更先进的纠偏和差分技术，进一步提高了 GPS 的定位精度。

4. 实时运动学技术

实时运动学技术通过监测接收器的运动状态，包括速度和加速度等信息，对 GPS 测量结果进行实时校正，提高定位的实时性和精度。

（四）工程测量中的 GPS 应用

1. 建筑测量

在建筑测量中，GPS 可以用于获取建筑物的精确位置和高程信息。这对于规划、设计和施工阶段都具有重要的意义。

2. 道路测量

在道路测量中，GPS 可以用于测量道路的几何特征、交叉口布局等，支持道路规划和设计。

3. 土地测绘

在土地测绘中，GPS 技术广泛应用于绘制地籍图、确定土地边界、测量地形等，提高了土地测绘的效率和精度。

4. 工程监测

在工程监测中，GPS 可以用于监测结构的变形、沉降等情况，提供实时的监测数据，有助于预防和处理潜在问题。以下是工程测量中 GPS 应用的具体案例。

（1）桥梁监测

在桥梁工程中，GPS 可用于实时监测桥梁结构的变形、挠度和沉降情况。通过在桥梁结构上部或下部安装 GPS 接收器，工程团队可以追踪桥梁的状态，并在必要时采取措施以确保结构的安全性。

（2）隧道施工

在隧道施工中，GPS 可用于实时定位掘进机械和掘进头的位置，确保隧道施工按照设计要求进行。此外，GPS 还能够监测隧道内部的变形和沉降，实时了解隧道结构。

（3）地质灾害监测

在地质灾害敏感区域，如滑坡、地陷等地质灾害监测中，GPS 可以用于实时监测地表的位移和形变。这种实时监测有助于提前发现地质灾害的迹象，及时采取防护和治理措施。

（4）水文监测

在水文监测中，GPS 可用于监测水位、河流的流速和流向等参数。这对于水文学研究、洪水预警和水资源管理都具有关键作用。

（五）GPS 精度与可靠性的保障措施

1. 差分 GPS 技术

差分 GPS 技术是提高 GPS 精度的有效手段之一。通过在接收器附近设置差分基站，能够校正 GPS 信号的误差，提高定位的准确性。

2. 数据后处理

对采集到的 GPS 数据进行后处理是提高精度的常见方法。通过对数据进行精确的分析和处理，可以消除一些误差，改善测量的精度。

3. 多系统融合

结合多个全球导航卫星系统（GNSS）的信号，如 GPS、伽利略、北斗等，可以提高系统的可靠性。多系统融合技术有助于克服在某个区域或时间某些系统不稳定的问题。

4. 精密天线

选择高质量的天线可以减少由于天线相位中心偏移引起的误差。精密天线的使用有助于提高测量的精度。

5. 实时运动学技术

实时运动学技术通过监测 GPS 接收器的运动状态，能够实时校正测量结果，提高定位的实时性和精度。

6.定期维护和校准

定期对 GPS 设备进行维护和校准是保障其性能的重要措施。确保设备的硬件和软件处于最新状态，定期校准设备参数，有助于维持其精度和可靠性。

GPS 在工程测量中的应用已经成为不可或缺的技术手段，为工程领域提供了精确定位的能力。然而，保障其精度与可靠性仍然是一个复杂的问题，需要通过差分技术、多系统融合、实时运动学技术等手段来不断提升。在工程测量实践中，GPS 已经在建筑测量、道路测量、土地测绘、工程监测等方面取得了显著成果。

面对未来，解决 GPS 在城市峡谷、遮挡效应等复杂环境中的挑战，以及保障数据安全和隐私，需要跨学科的研究和技术创新。多系统融合、智能交通系统、新型传感器技术等将成为未来发展的重要方向。同时，大数据和人工智能的引入将进一步提高 GPS 数据的分析和利用水平，为工程决策提供全面、智能化的支持。

第四节　激光雷达技术在土木工程中的测量

一、激光雷达测量基本原理

激光雷达是一种利用激光束测量距离、速度、方向和反射强度等信息的先进测量技术。广泛应用于地球观测、地图制图、自动驾驶、机器人导航等领域。本书将深入探讨激光雷达的基本原理，包括激光的发射和接收过程、测量距离的方法、激光雷达的工作模式以及在不同领域的应用。

（一）激光雷达的基本原理

1.激光的生成

激光是一种通过受激辐射产生的高度聚焦、相干、单色、定向性强的光束。激光的生成过程包括以下几个关键步骤。

激发能级：激光器内部通过外部能源（如电流、光）激发原子或分子，使其处于激发态。

自发辐射：激发态的原子或分子在经过一段时间后，以自发辐射的形式返回基态，释放出一个光子。

受激辐射：一个自发辐射的光子碰撞并激发其他原子或分子，使其也发射光子，这种过程称为受激辐射。

放大：受激辐射产生的光子与初始的激发光子具有相同的频率、相位和方向，从而放大了光束。

反射：光线通过反射镜或半透明镜形成一个激光束。

2. 激光雷达的发射和接收

激光雷达的基本工作原理是通过发射激光脉冲并测量其返回时间来计算目标物体的距离。其发射和接收过程包括以下步骤。

发射激光脉冲：激光雷达发射一个短脉冲的激光束，通常是红外光。

激光束传播：激光脉冲传播到目标物体表面。

反射：激光束与目标表面发生反射，一部分能量被返回。

接收激光反射：激光雷达接收返回的激光脉冲。

测量时间：记录激光脉冲发射和接收之间的时间差，即飞行时间。

计算距离：利用飞行时间和光速，计算目标物体与激光雷达之间的距离。

（二）激光雷达测量距离的方法

1. 飞行时间法

飞行时间法是最常用的激光雷达距离测量方法。通过测量激光脉冲发射和接收之间的时间差来计算目标物体的距离。

2. 相位差法

相位差法是通过测量激光脉冲发射和接收的相位差异来计算距离。这需要精确测量激光波的相位变化。

3. 光学三角法

光学三角法利用激光雷达发射的激光束与接收的反射激光束之间的夹角以及激光束到目标物体的距离，通过三角计算得到目标物体的位置。这种方法常用于测绘和地形建模。

（三）激光雷达的工作模式

1. 一维激光雷达

一维激光雷达主要用于测量目标物体的距离。它通过扫描激光束在水平方向上的角度，获取目标物体的距离信息。一维激光雷达适用于需要沿一条直线进行测量的场景，如工业测绘、机器人导航等。

2. 二维激光雷达

二维激光雷达可以在水平和垂直方向上扫描激光束，获取目标物体的距离和方向信息。它广泛应用于自动驾驶、地图制图、环境感知等领域。二维激光雷达的工作模式允许在一个平面上获取更丰富的空间信息，使其在复杂环境中的感知和建模能力更强。

3. 三维激光雷达

三维激光雷达是在水平、垂直和距离三个方向上进行扫描，从而获取目标物体在三维空间中的坐标。这种工作模式在需要进行全方位三维感知的应用场景中非常重要，如无人机避障、机器人导航等。

4. 固态激光雷达和旋转激光雷达

固态激光雷达：固态激光雷达是指整个传感器不需要机械部件进行扫描，通过电子元件直接完成激光束的方向调整。这种类型的激光雷达具有较小的体积和快速的数据采集速度，适用于高速运动的场景，如自动驾驶车辆。

旋转激光雷达：旋转激光雷达通过旋转激光发射器和接收器的整个组件来完成扫描。这种设计在获取全方位数据上更为便捷，但受制于机械运动，可能在速度和耐用性上存在一些局限。

（四）激光雷达在不同领域的应用

1. 地球观测与测绘

激光雷达广泛应用于地球观测和测绘领域，通过激光雷达获取的地表高程数据，可用于制图、地形建模、城市规划等。地球观测激光雷达常常采用飞行时间法，搭载在飞机或卫星上，能够高效获取大范围的地表信息。

2. 自动驾驶与智能交通

激光雷达是自动驾驶车辆中重要的感知器件之一。通过实时获取车辆周围环境的距离和形状信息，激光雷达可以帮助车辆进行障碍物检测、道路感知等任务。在智能交通系统中，激光雷达也能够用于交叉口管理、行人检测等应用。

3. 机器人导航与感知

激光雷达在机器人导航和感知方面有着广泛的应用。机器人通过搭载激光雷达，能够在未知环境中进行定位和导航。激光雷达可以帮助机器人构建环境地图，实现避障、路径规划等功能。

4. 建筑与工程测量

在建筑和工程领域，激光雷达可用于获取建筑物的三维结构信息，支持室内外测绘、变形监测、施工进度管理等任务。激光雷达在这些应用中能够提供高精度的空间数据，对于建筑设计和工程施工的精准性至关重要。

5. 环境监测与自然灾害预警

激光雷达在环境监测中的应用涉及大气污染、森林火灾、雪崩等方面。通过测量大气中的颗粒物浓度、地表形态变化等信息，激光雷达可用于自然灾害的预警和监测。

激光雷达技术作为一种高精度、高效率的测量与感知手段，已经在各个领域取得了显著的应用成果。从基本原理到不同工作模式的探讨，再到在地球观测、自动驾驶、机器人导航等领域的应用，激光雷达展现出了强大的潜力和广阔的发展前景。

二、激光雷达在地形测绘与建筑测量中的应用

激光雷达技术作为一种高精度、高效率的测量工具，在地形测绘与建筑测量领域具有广泛应用。本书将深入探讨激光雷达在地形测绘和建筑测量中的基本原理、工作模式、应用案例以及未来发展趋势。

（一）激光雷达在地形测绘中的基本原理

1. 飞行时间法

在地形测绘中，激光雷达通常采用飞行时间法进行测量。该方法基于激光脉冲的发射和接收之间的时间差来计算目标物体的距离。

2. 地形测绘的需求

在地形测绘中，高精度的地表模型对于城市规划、资源管理、自然灾害监测等方面至关重要。传统的测绘手段受制于测量效率和精度，而激光雷达技术能够克服这些限制，提供更为详细和准确的地形信息。

（二）激光雷达在地形测绘中的工作模式

1. 飞机搭载激光雷达

一种常见的地形测绘方式是将激光雷达设备搭载在飞机上。飞机飞越测绘区域，激光雷达系统以一定的频率发射激光脉冲，通过测量飞行时间和反射激光的位置，生成地表模型。这种方式适用于大范围地形测绘，可以高效获取大量数据。

2. 地面激光雷达

地面激光雷达是安装在地面上进行测绘的一种方式。它通常采用旋转激光雷达系统，通过激光束的旋转扫描获取地形数据。这种方式适用于小范围、高精度的地形测绘，如城市街区、建筑物周围等场景。

3. 无人机搭载激光雷达

随着无人机技术的发展，无人机搭载激光雷达成为一种灵活且高效的地形测绘手段。无人机能够在低空飞行，激光雷达系统通过快速、高频率的扫描获取详细的地形信息，适用于中小范围地形测绘和不易到达的地区。

（三）激光雷达在地形测绘中的应用案例

1. 地质勘探与地形建模

在地质勘探中，激光雷达可用于获取地下结构和地表特征。通过在飞机、无人机或地面车辆上搭载激光雷达，可以实现对地形的高分辨率、大范围的测绘，为地质勘探提供精准的地形数据。

2. 森林资源管理

激光雷达在森林资源管理中发挥着关键作用。通过飞机或无人机搭载激光雷达，可以获取森林地区的地形、树木高度、密度等信息，帮助制订合理的森林管理计划，提高资源利用效率。

3. 地表水体测量

激光雷达可以用于测量地表水体的高程和形态。通过在飞机或无人机上搭载激光雷达，可以获取河流、湖泊等水体的地形信息，监测水体变化，为水资源管理和防洪工作提供支持。

4. 城市规划和建设

在城市规划和建设中，激光雷达可用于获取城市地形、建筑物高度、道路布局等信息。这些数据可以帮助规划者更好地了解城市结构，进行空间分析，优化城市规划和建设方案。

（四）激光雷达在建筑测量中的基本原理

1. 点云数据获取

激光雷达在建筑测量中主要通过获取点云数据来实现建筑物的三维模型。激光雷达系统发射激光脉冲，测量脉冲反射回来的时间，计算出每个点的距离。通过扫描整个建筑物，生成大量的点云数据，这些数据可以形成建筑物的高精度三维模型。

2. 建筑物内外立面获取

激光雷达可以在建筑物的内外部进行立面获取，实现对建筑物结构的全方位测量。在室内，激光雷达可以扫描墙壁、天花板和地板，捕捉建筑物内部的结构信息。而在室外，激光雷达可以通过飞机或无人机进行建筑物外部扫描，获取建筑物的外部轮廓和细节。

3. 建筑物变形监测

激光雷达在建筑工程中还可以用于变形监测。通过多次扫描同一建筑物，可以检测建筑结构的变形和沉降情况。这对于长期监测建筑物的稳定性、结构健康状况以及施工过程中的变形情况具有重要意义。

4. 室内建筑测量

对于室内建筑测量，激光雷达尤其强大。它可以快速而准确地获取室内空间的各种尺寸和形状，包括墙面、家具、楼梯等。这在室内设计、装修和空间规划中非常有价值，使设计师能够更好地理解和利用室内空间。

（五）激光雷达在地形测绘与建筑测量中的优势

1. 高精度与高密度

激光雷达可以提供极高的测量精度和密度。通过采集大量的点云数据，可以实现对地形和建筑物的高精度三维模型，准确捕捉微小细节，满足对精细测量的需求。

2.高效快速

相比传统的测量方法，激光雷达具有高效和快速的优势。它可以在短时间内完成对大范围地形和建筑物的扫描，大大提高了测绘效率。

3.室内外一体化

激光雷达可以在室内外一体化进行测量，无论是建筑物内外部的立面获取，还是室内的空间测量，都能够实现一体化的数据采集。这种一体化的特性使得激光雷达在复杂场景中应用更为灵活。

4.无人机应用

激光雷达与无人机结合是一项重要创新。通过将激光雷达搭载在无人机上，可以在需要灵活机动性的区域进行高效的测绘，比传统的测量手段更为经济、方便。

激光雷达技术在地形测绘与建筑测量领域的应用正不断拓展，并在实际工程中取得了显著的成果。其高精度、高效率、一体化等特点使得激光雷达成为现代测绘领域中不可或缺的重要工具。

三、数据处理与模型构建

激光雷达作为一种高精度、高效率的测量工具，在地形测绘、建筑测量等领域广泛应用。然而，大量的原始激光雷达数据需要经过复杂的处理和分析，以构建精准的三维模型。本书将深入探讨激光雷达数据处理的基本步骤、常用算法，以及在模型构建中的关键技术。

（一）激光雷达数据处理基本步骤

激光雷达数据处理是将从激光雷达系统中获取的原始点云数据转化为可用于建模、分析和应用的信息的过程。通常，激光雷达数据处理包括以下基本步骤。

1.数据采集与预处理

原始的激光雷达数据通常包括大量的点云，其中每个点都包含了三维坐标和反射强度信息。在处理之前，需要对这些数据进行采集、滤波和去噪等预处理步骤。这有助于提高数据质量，去除一些无关噪声。

2.数据配准

激光雷达系统在采集数据时可能存在姿态偏移和位置偏移。为了使多次扫描或不同传感器采集的数据能够对齐，需要进行数据配准。常见的方法包括特征匹配、迭代最近点算法（ICP）等。

3.特征提取

特征提取是从点云中提取有用信息的关键步骤。常见的特征包括平面、边缘、角点等。这些特征有助于后续的建模和分析。

4.地面分割

在地形测绘中，通常需要将地面点从非地面点中分离出来。地面分割是通过一系列算法识别和提取地面点，以获得地表的几何信息。

5.建模与三维重建

建模是将点云数据转化为三维模型的过程。常见的建模方法包括体素网格化、三角网格构建等。通过这一步骤，可以生成地形、建筑物或其他物体的几何形状。

6.数据分析与应用

处理得到的三维模型可以进行进一步的数据分析和应用。这包括地形分析、建筑变形监测、资源管理等方面。

（二）激光雷达数据处理常用算法

1.数据配准算法

（1）特征匹配：特征匹配是通过寻找点云中的特征点，然后将其对齐来实现数据配准的一种方法。特征包括点云的角点、边缘等。

（2）ICP算法：迭代最近点算法（Iterative Closest Point，ICP）是一种迭代的点云配准算法。它通过最小化两组点云之间的距离来调整它们的相对位置，直至达到最佳匹配。

2.特征提取算法

（1）法向量估计：法向量是点云中表面的法线方向信息，对于表面特征的提取至关重要。通过计算每个点周围邻近点的法向量，可以估计点云的法向量。

（2）点云分割：基于聚类的点云分割算法，如基于欧式聚类的方法，可以将点云中相似的点分为同一类别，提取出表面的一些特征。

3.地面分割算法

（1）地面模型拟合：通过在点云中拟合地面模型，如平面拟合，可以将地面点从非地面点中分离出来。这可以通过最小二乘法等方法实现。

（2）高程阈值法：将点云数据根据高程信息进行分割，高于一定高程阈值的点判定为非地面点，低于阈值的点判定为地面点。

4.三维重建算法

（1）体素网格化：体素网格化是将点云数据转化为规则的三维网格结构。通过将点云映射到体素中，可以方便地进行体素的操作和分析。

（2）三角网格构建：通过连接点云中相邻的点，构建三角网格，生成表面的三维模型。这可以通过Delaunay三角化等算法实现。

（三）关键技术在模型构建中的应用

1. 深度学习在点云处理中的应用

深度学习技术在点云处理中取得了显著成就。例如，PointNet 等深度学习模型能够直接对点云进行分类、分割和识别，避免了传统特征提取和处理的复杂步骤。这种方法能够更好地处理非结构化的点云数据，提高了对复杂场景的建模能力。此外，PointNet++ 等模型在点云分层处理方面取得了重要进展，使得对点云的更细致和更全面的特征提取成为可能。

2. 时序点云数据处理

时序点云数据处理是指对连续采集的点云序列进行处理和分析。在建筑变形监测、自然灾害监测等领域，时序点云数据对于识别变化、监测形变具有重要意义。时序数据处理涉及数据对齐、变化检测等方面的技术，如利用时序数据进行建筑物沉降监测，以及在岩体稳定性研究中的应用。

3. 高精度建模技术

高精度建模技术旨在提高三维模型的精度和细节。在激光雷达数据处理中，采用更高密度的点云数据、更先进的配准算法和建模算法，可以实现更精确的建模效果。这对于需要高精度模型的应用领域，如文化遗产保护、工业设计等至关重要。

4. 多传感器融合

多传感器融合是指将激光雷达数据与其他传感器数据结合起来，以获取更全面的信息。例如，将激光雷达与摄影测量、雷达等传感器数据融合，可以提高建模的准确性和丰富性。这在城市规划、环境监测等领域具有重要应用价值。

5. 实时处理和在线建模

随着激光雷达技术的发展，对于实时处理和在线建模的需求越来越迫切。这要求在数据采集的同时，能够快速进行数据处理和建模，以实现实时监测和反馈。实时处理涉及算法的高效性和并行计算等方面的技术挑战，对于自动驾驶、智能导航等实时性要求高的应用具有重要意义。

激光雷达数据处理与模型构建是激光雷达技术应用的关键环节，直接影响到激光雷达系统在地形测绘、建筑测量、环境监测等领域的实际效果。通过不断创新算法、引入深度学习、实现多传感器融合等方式，可以提高数据处理的效率和模型构建的准确性。随着技术的发展，激光雷达数据处理将更好地满足多领域、多场景的需求，推动激光雷达技术的广泛应用。

第五节　建筑信息模型（BIM）在土木工程测量中的应用

一、BIM 基础概念与工作流程

建筑信息模型（Building Information Modeling，BIM）是一种在建筑设计、施工和运营中集成信息的数字化方法。通过整合各种信息，BIM 提供了一个全面的、协同的工作平台，促进了建筑行业的数字化转型。本书将深入探讨 BIM 的基础概念，以及在建筑项目中的工作流程。

（一）BIM 的基础概念

1. BIM 的定义

BIM 是一种集成了建筑、结构和设备等多学科信息的数字化表示和管理方法。它不仅仅是一种三维建模工具，更是一个包含时间、成本、质量等多维信息的数据库。BIM 的目标是通过整合多学科的信息，提高建筑项目的效率、质量和可持续性。

2. BIM 的关键特点

（1）三维建模：BIM 以三维建模为基础，通过数字模型的方式展现建筑物的几何形状和空间关系。

（2）多学科集成：BIM 涵盖建筑、结构、设备、电气等多个学科领域，实现了多学科信息的集成。

（3）协同工作：BIM 提供了一个协同的工作平台，各相关方可以在同一平台上共同编辑、查看和管理项目信息。

（4）数据可视化：BIM 不仅提供了建筑外形，还将各种信息以可视化的方式呈现，使得决策更为直观明了。

（5）生命周期管理：BIM 涵盖了建筑的整个生命周期，从设计、施工到运营和维护，为各个阶段的决策提供支持。

3. BIM 的应用领域

（1）设计阶段：在设计阶段，BIM 通过建模和模拟，帮助设计师更好地理解建筑形式，优化设计方案，提高设计效率。

（2）施工阶段：在施工阶段，BIM 用于生成施工图、模拟施工流程，协调施工计划，提高施工的准确性和效率。

（3）运营与维护阶段：在建筑完成后，BIM 用于管理建筑物的运营与维护信息，包括设备维护计划、能耗管理等。

（4）设施管理：BIM 不仅仅应用于建筑，还应用于城市规划、基础设施管理等领域，实现城市的综合信息管理。

（二）BIM 的工作流程

1. BIM 的工作流程概述

BIM 的工作流程是一个动态的过程，涉及多个参与方，包括建筑师、结构工程师、机电工程师、施工方、业主等。典型的 BIM 工作流程可以分为以下几个阶段。

（1）初始阶段：包括项目启动、搜集项目需求、确定项目目标等。在这一阶段，项目相关方明确项目的基本要求和目标。

（2）概念设计：设计师根据项目需求进行初步的概念设计，包括建筑形式、空间布局等。BIM 模型在这一阶段用于可视化概念设计，帮助相关方更好地理解设计意图。

（3）详细设计：在详细设计阶段，各学科工程师进行具体的建模工作，生成详细的 BIM 模型。这一阶段 BIM 用于协同设计、冲突检测和优化设计方案。

（4）施工准备：施工方根据 BIM 模型生成施工计划、施工图等，同时进行施工流程的模拟和优化。BIM 在这一阶段有助于提高施工效率，减少施工中的问题。

（5）施工阶段：在施工阶段，BIM 模型用于协调各专业工程，支持施工现场的实时管理。通过 AR（增强现实）和 VR（虚拟现实）技术，BIM 模型可以在实际施工中进行可视化验证。

（6）运营与维护：建筑交付使用后，BIM 模型仍然发挥作用。运营方可以利用 BIM 模型进行设备管理、维护规划、能耗分析等，以确保建筑的长期可持续运营。

2. BIM 在各阶段的具体应用

（1）概念设计阶段：BIM 模型在概念设计阶段主要用于可视化概念、传达设计意图。建筑师可以通过模型展示建筑的外观和体量，同时进行初步的空间规划。

（2）详细设计阶段：在详细设计阶段，BIM 模型不仅用于协同设计，还用于进行各专业的建模工作。建筑师、结构工程师、机电工程师等可以在同一 BIM 平台上进行协同设计，实现实时的数据交互和信息共享。这有助于提高设计的一致性、协调性和效率。

（3）施工准备阶段：在施工准备阶段，BIM 模型成为施工计划和施工图的基础。施工方可以利用 BIM 进行施工流程的模拟和优化，确保施工的高效进行。同时，BIM 模型也用于生成施工现场所需的各类图纸和文档。

（4）施工阶段：在实际施工中，BIM 模型的应用更为广泛。通过结合 AR 技术，施工人员可以在实际场地中查看 BIM 模型，直观了解设计意图，同时进行质量检查和工序控制。BIM 还可用于协调不同专业之间的冲突，提高施工的协同性。

（5）运营与维护阶段：在建筑交付使用后，BIM 模型成为运营与维护的有力工具。运营方可以利用 BIM 模型进行设备管理，实现对建筑系统的实时监测和维护。能耗分析、设备定期检查等工作都可以依托 BIM 模型进行高效管理。

3. BIM 在不同参与方中的作用

（1）建筑师：BIM 使建筑师能够更好地表达设计意图，通过三维模型直观地展示建筑外观和内部空间，提高设计的可视化效果。同时，建筑师可以在 BIM 平台上与其他专业工程师进行协同设计，确保设计的一致性和协调性。

（2）工程师：结构工程师、机电工程师等在 BIM 中进行专业建模，优化各自领域的设计。BIM 模型的多学科集成使得工程师可以更好地协同工作，减少设计冲突，提高设计的整体质量。

（3）施工方：施工方可以在 BIM 模型的基础上生成施工计划和施工图，进行施工流程的模拟和优化。通过 AR 技术，施工方能够在实际场地中查看 BIM 模型，提高施工的准确性和效率。同时，BIM 模型也用于施工现场的协同管理。

（4）运营方：运营方通过 BIM 模型进行设备管理、维护规划和能耗分析。BIM 提供了一个全面的、可视化的建筑信息管理平台，使运营方能够更好地了解建筑物的运行状态，及时进行维护和管理。

（三）BIM 的未来发展方向

1. 开放标准和互操作性

未来，BIM 系统将更加注重开放标准和互操作性，这意味着不同厂商开发的 BIM 软件能够更好地进行数据交互，共享模型信息。开放标准的制定将促进 BIM 技术的更广泛应用，提高行业内的数字化水平。

2. 深度学习和人工智能

深度学习和人工智能技术的发展将在 BIM 中发挥更大的作用。通过机器学习算法，BIM 系统可以更智能地分析和处理大量的建筑数据，提供更智能化的设计、施工和运营方案。

3. 移动化和云计算

随着移动化和云计算技术的发展，BIM 系统将更加灵活和便捷。建筑项目相关方可以通过移动设备随时随地访问 BIM 模型，进行实时协同工作。云计算将为 BIM 提供更大的存储和计算能力，支持更复杂的建模和分析任务。

4. 5D BIM

未来 BIM 系统将更加强调时间和成本维度。5D BIM 将包括建筑物的时间维度，即建筑项目的时序信息，以及成本维度，即项目各阶段的成本信息。这使得项目管理更加全面，能够更好地控制工程进度和成本。

5. 可视化技术的进一步应用

随着可视化技术的不断发展，未来 BIM 系统将更加注重可视化的应用。增强现实

（AR）和虚拟现实（VR）技术将使得BIM模型在设计、施工和运营中更为直观、沉浸式，提高用户体验和工作效率。

BIM作为一种数字化的建筑信息管理方法，已经在建筑行业取得了显著成就。通过整合多学科信息、提高协同工作效率、优化建筑生命周期管理，BIM为建筑项目的设计、施工和运营提供了全方位的支持。未来，随着科技的不断发展，BIM将进一步迈向智能、开放、移动化和可视化的方向。开放标准和互操作性将促进BIM系统之间的数据流畅交换，提高整个行业数字化水平。深度学习和人工智能的应用将使BIM系统更加智能化，能够更好地处理和分析大规模的建筑数据。移动化和云计算的发展将使BIM系统更加灵活，便于各参与方随时随地进行协同工作。5D BIM的应用将强化时间和成本维度的管理，实现更全面的项目控制。可视化技术的进一步应用将提高BIM系统的用户体验，使得建筑信息更为直观和沉浸式。

总体而言，BIM的未来发展将继续推动建筑行业向数字化、智能化方向发展。建筑项目各个阶段的参与方将更加紧密地协同工作，信息的共享和传递将更加便捷。BIM不仅仅是一个工具，更是一个全过程的数字化平台，为建筑行业提供更高效、更可持续的解决方案。随着技术的不断进步和应用的深化，BIM将成为建筑行业数字化转型的关键引擎，为未来城市建设和可持续发展做出更大的贡献。

二、BIM在土木工程设计与测量中的应用

建筑信息模型（Building Information Modeling，BIM）是一种通过数字化的方式对建筑、结构和设备等信息进行集成和管理的技术。在土木工程领域，BIM的应用为设计、建设和管理过程带来了革命性变化。本书将深入探讨BIM在土木工程设计与测量中的应用，探讨其在提高效率、减少错误和优化项目管理方面的优势。

（一）BIM在土木工程设计中的应用

1.三维建模与设计优化

BIM的核心之一是三维建模，这在土木工程设计中具有重要意义。传统设计中，土木工程师依赖二维图纸，难以直观理解和协调复杂的三维结构。而BIM模型以数字化的方式呈现土木工程的几何形状、结构特征和空间关系，为设计师提供了更直观、全面的视图。这有助于发现和解决设计中的冲突、优化结构布局，并改善设计效率。

2.协同设计与多学科集成

土木工程项目涉及多个专业领域，包括结构工程、土木工程、水利工程等。BIM通过提供一个协同工作的平台，使得不同专业的设计师可以在同一模型上进行协同设计。这种多学科集成的方式有助于各个专业之间的信息交流和协调，减少设计冲突，提高设计的一致性和协调性。

3. 设计冲突检测与解决

在土木工程设计中，设计冲突可能导致项目延误和额外的成本。BIM 通过实时的设计冲突检测功能，能够在设计初期就发现可能存在的问题。设计师可以通过模型的可视化效果更容易地识别并解决冲突，从而提高设计的质量和效率。

4. 可视化效果与沟通

BIM 提供了更具可视化效果的设计呈现，使得设计方案更容易理解和沟通。不仅在项目内部，对于与业主、相关部门以及施工方之间的沟通也更加直观。通过 BIM 模型，各方可以在同一平台上共同查看、讨论和调整设计，从而降低信息传递的误差，提高沟通效率。

（二）BIM 在土木工程测量中的应用

1. 数字化测量与精确度提升

传统的土木工程测量通常依赖手工测量和二维图纸，容易受到人为误差和信息不准确的影响。BIM 在测量中的应用通过数字化的方式提升了数据的准确性。激光扫描等高精度测量技术结合 BIM，可以实现对现场建筑和土木结构的精确三维建模，为后续设计、施工和管理提供更为准确的基础数据。

2. 工程量计算的自动化

BIM 模型中包含了丰富的建筑信息，可以自动提取工程量数据。传统的工程量计算需要依赖手工测量和烦琐的计算过程，容易产生错误。而 BIM 可以在模型中直接提取构件的数量、尺寸等信息，实现工程量计算的自动化。这不仅提高了计算的准确性，还节约了大量的时间和人力成本。

3. 可视化施工模拟

BIM 在土木工程测量中的另一个重要应用是可视化的施工模拟。通过 BIM 模型，可以在虚拟环境中模拟建筑施工过程，包括设备的摆放、建筑材料的运输和施工进度的规划。这种可视化的施工模拟有助于识别潜在的冲突和问题，优化施工流程，提高施工效率。

4. 实时监测与变化管理

BIM 不仅可以用于建筑和土木工程的初期设计和测量，还可以在项目实施过程中进行实时监测和变化管理。通过传感器和监测设备获取的实时数据与 BIM 模型相结合，可以监测建筑结构的变化、变形和施工进度。这有助于及时发现潜在问题，进行合理调整和管理，确保项目按计划进行。

5. 施工质量管理

BIM 在土木工程测量中的应用还涵盖了施工质量管理。通过 BIM 模型，可以进行构件的精确测量，对比设计和实际施工的差异，快速发现施工质量问题。同时，BIM也可以用于记录施工过程中的关键事件和变更情况，为后期的验收和维护提供参考。

（三）BIM 在土木工程项目管理中的应用

1. 项目计划与进度管理

BIM 在土木工程项目管理中可以用于项目计划与进度管理。通过 BIM 模型，可以在虚拟环境中模拟整个项目的施工流程，优化施工计划，提前发现可能的冲突和瓶颈。项目管理团队可以使用 BIM 来制订详细的项目计划，实时监测进度，及时调整施工计划以应对变化和不确定性。

2. 成本估算与预测

BIM 模型包含了大量的建筑信息，这对于项目成本估算和预测提供了有力支持。通过 BIM 模型，可以准确获取各个构件的数量、尺寸和材料等信息，从而进行成本的精细化估算。项目管理团队可以利用 BIM 中的数据进行成本预测，制定更为精准的预算，避免成本超支和项目延期。

3. 变更管理与决策支持

在土木工程项目中，变更是常见的情况之一。BIM 在变更管理中的应用可以帮助项目管理团队更好地理解变更对项目的影响。通过 BIM 模型，可以迅速进行变更分析，评估变更对进度、成本和质量的影响，为项目管理提供决策支持，确保变更的合理性和可控性。

4. 危险性分析与安全管理

BIM 还可以用于危险性分析和安全管理。通过在 BIM 模型中模拟施工过程，可以识别潜在的危险点和安全隐患。项目管理团队可以利用 BIM 模型进行安全分析，规划安全施工策略，提高工地施工的安全性。

（四）BIM 在土木工程维护与运营中的应用

1. 设施管理与运营规划

BIM 在土木工程的维护与运营阶段同样发挥着关键作用。通过建立完整的 BIM 模型，包含建筑构件的详细信息、设备维护记录等，项目团队能够进行全面的设施管理和运营规划。这包括设备的定期检查、维护计划的制订以及运营成本的预测等。

2. 能耗分析与可持续性管理

BIM 模型中包含建筑和土木工程的能耗相关信息，如建筑材料的热性质、设备的能效等。这为进行能耗分析提供了数据基础。通过 BIM，团队可以模拟不同的能源利用方式，评估建筑的能耗性能，优化能源使用策略，从而实现可持续性管理的目标。

3. 实时监测与维护反馈

BIM 在维护阶段的另一个重要应用是实时监测和维护反馈。传感器和监测设备可以将实时数据反馈到 BIM 模型中，用于监测建筑结构的变化、设备的运行状态等。这使得团队能够及时发现潜在问题，提高设施维护的效率和精度。

BIM 在土木工程设计、测量、项目管理以及维护与运营中的应用前景广阔。未来，随着技术的不断发展，BIM 系统将更加智能、开放、移动化和可视化。深度学习和人工智能的应用将使 BIM 系统更加智能化，能够更好地处理和分析大规模的建筑数据。

三、BIM 数据管理与协同设计

建筑信息模型（Building Information Modeling，BIM）是一种通过数字化的方式对建筑、结构和设备等信息进行集成和管理的技术。BIM 的核心在于数据，其有效的管理和协同设计是确保项目成功的关键因素之一。本书将深入探讨 BIM 数据管理的重要性、关键要素、工具与技术，以及在协同设计中的应用。

（一）BIM 数据管理的重要性

1. 数据作为 BIM 的核心

BIM 的核心在于构建数字模型，这个数字模型包含了建筑项目的几何信息、构件属性、时间数据、成本信息等多方面的数据。这些数据的有效管理是 BIM 发挥作用的基础，也是项目参与者能否实现协同工作和决策的关键。

2. 信息一致性和可靠性

在建筑项目中，参与者可能来自不同的专业领域，如建筑师、结构工程师、机电工程师等。BIM 数据管理确保了不同专业之间的信息一致性和可靠性。通过对数据的集成和统一管理，可以避免信息的不一致，减少错误和冲突，提高项目的整体质量。

3. 决策支持与项目优化

BIM 数据管理为项目决策提供了有力的支持。通过对各种数据的分析，项目管理团队可以更好地理解项目的整体情况，及时发现问题并作出优化决策。这包括设计变更、施工计划的调整、成本估算的优化等方面，使项目能够更加高效、经济和可持续地推进。

4. 生命周期管理

BIM 模型贯穿建筑项目的整个生命周期，从设计、施工到运营和维护。良好的 BIM 数据管理确保了模型的持续性和一致性，使得在建筑物的不同阶段都能够获取准确、完整的信息。这为建筑物的维护、更新和扩建提供了可靠的数据支持。

（二）BIM 数据管理的关键要素

1. 数据标准化

数据标准化是 BIM 数据管理的基础。通过制定一致的数据标准，不同参与者能够在同一平台上进行协同工作，确保数据的一致性和互通性。标准化可以涵盖数据的格式、命名规范、单位标准等方面。

2. 数据集成

建筑项目中涉及的数据通常来自不同的来源，包括设计软件、施工管理系统、设备传感器等。数据集成是将这些异构数据整合到一个统一的平台上的过程。通过数据集成，不同系统之间的数据可以进行无缝交流，提高协同效率。

3. 数据安全与隐私

随着 BIM 数据的数字化和云化趋势，数据的安全性和隐私保护变得尤为重要。在 BIM 数据管理中，需要采取相应的安全措施，包括数据加密、身份验证、权限管理等，以确保敏感信息不被未经授权的人员访问。

4. 数据质量控制

数据质量对于 BIM 的有效应用至关重要。低质量的数据可能导致错误的决策和不准确的模型。因此，数据管理需要建立健全的质量控制机制，包括数据验证、纠错、更新等环节，以保证数据的准确性和可靠性。

5. 版本管理

在项目不同阶段，BIM 模型可能会经历多次修改和更新。版本管理是确保所有参与者使用的都是最新版本的 BIM 模型的关键。通过有效的版本管理，可以避免因为使用过时的数据而引发问题，保证项目顺利推进。

（三）BIM 数据管理的工具与技术

1. BIM 数据管理平台

为了实现对 BIM 数据的统一管理，许多 BIM 数据管理平台应运而生。这些平台通常提供数据存储、协同编辑、版本管理、权限控制等功能，为项目的各个参与者提供一个统一的工作平台。

2. 开放式 BIM 标准

开放式 BIM 标准的制定有助于不同软件和系统之间的数据互通。例如，Industry Foundation Classes（IFC）是一种通用的 BIM 数据交换标准，它定义了建筑和基础设施工程领域的数据模型，支持不同软件之间的数据交流。

3. 云计算技术

云计算技术为 BIM 数据管理提供了强大的支持。云计算使得数据能够存储在云端服务器上，实现了对数据的便捷访问和共享。同时，云计算还为大规模数据处理和分析提供了更强大的计算能力，支持更复杂的 BIM 数据管理和协同设计任务。

4. 数据可视化与分析工具

数据可视化和分析工具是 BIM 数据管理中的重要组成部分。这些工具能够将庞大的数据集以直观的图形方式呈现，帮助用户更好地理解和分析数据，从而在协同设计和决策过程中提供更有力的支持。

5. 人工智能与机器学习

人工智能（AI）和机器学习（ML）技术在 BIM 数据管理中的应用逐渐增多。这些技术能够通过对大量数据的学习和分析，提供智能化的数据处理和决策支持。例如，通过 ML 算法可以对历史数据进行分析，为项目提供更准确的成本估算和进度预测。

（四）BIM 在协同设计中的应用

1. 多学科协同设计

BIM 为多学科协同设计提供了平台。不同专业的设计师可以在同一 BIM 模型上进行协同工作，实现实时数据交互和信息共享。这促使建筑师、结构工程师、机电工程师等专业之间更紧密的合作，提高了设计的一致性和协调性。

2. 实时协同编辑

BIM 数据管理平台支持实时协同编辑，多个参与者可以同时对同一模型进行编辑。这种实时的协同编辑能够加速设计过程，降低沟通成本，避免了传统设计中由于版本更新不同步而产生的问题。

3. 设计冲突检测

BIM 数据管理工具可以自动进行设计冲突检测。通过在模型中设定规则和约束，系统能够识别不同专业之间的冲突，提前发现并解决问题。这有助于减少施工阶段的设计变更，提高施工效率。

4. 虚拟设计审查

通过 BIM 数据管理平台，项目团队可以进行虚拟设计审查。与传统的设计审查相比，虚拟设计审查能够在数字模型中更全面、更直观地查看设计方案，减少纸质文档的使用，提高审查的效率和质量。

5. 移动端协同设计

随着移动技术的发展，移动端协同设计成为可能。BIM 数据管理工具的移动端应用使得设计团队可以随时随地访问项目数据，进行实时的协同设计。这对于需要频繁现场勘察和沟通的项目而言尤为重要。

BIM 数据管理与协同设计是建筑行业数字化转型的重要组成部分，它不仅提高了建筑项目的设计质量和效率，同时推动了建筑行业的创新和发展。随着技术的不断进步和应用的深化，BIM 在建筑项目的生命周期中将发挥越来越重要的作用，为未来建筑行业的可持续发展奠定了坚实的基础。然而，同时也需要克服一系列的技术、标准和培训等方面的挑战，实现 BIM 的更广泛应用和深度融合。只有在各方共同努力下，才能实现建筑行业的数字化愿景，为社会创造更安全、更智能、更可持续发展的建筑环境。

第三章 土木工程测量数据处理与分析

第一节 测量数据质量控制与评估

一、测量数据质量控制方法

测量数据在科学、工程和各种领域中起着至关重要的作用。确保测量数据的质量是保证科学研究、工程设计和生产制造等活动的可靠性和准确性的关键步骤。本书将深入探讨测量数据质量控制的方法，涵盖从数据采集、处理到分析和解释的全过程。

（一）数据采集阶段的质量控制方法

1. 选择合适的测量仪器

选择合适的测量仪器是保证数据质量的首要步骤。不同的测量任务可能需要不同类型的仪器，如全站仪、GPS、激光测距仪等。在选择仪器时，需要考虑仪器的精度、灵敏度、分辨率等性能指标，以确保仪器能够满足测量任务的要求。

2. 校准和验证仪器

定期进行仪器的校准和验证是维护数据准确性的关键步骤。通过定期的校准，可以发现和修正仪器的漂移和误差，确保其测量结果的可靠性。验证过程可以通过使用已知标准进行对比，评估仪器的性能和稳定性。

3. 环境条件的控制

测量环境的变化可能对数据质量产生影响，因此需要对环境条件进行有效控制。例如，在室外测量中，风速、温度和湿度的变化都可能影响仪器的性能。通过在测量前对环境条件进行监测和调整，可以最大限度地减小环境因素对测量数据的影响。

4. 采用多次测量和重复测量

为提高数据的准确性和可靠性，常常采用多次测量和重复测量的方法。通过多次测量，可以获得更多的数据点，提高数据的统计显著性。同时，通过重复测量可以检测和排除由于仪器漂移、随机误差等因素引起的异常数据。

（二）数据处理阶段的质量控制方法

1. 数据预处理

在进行数据分析之前，需要进行数据的预处理，包括数据的清理、筛选和校正。清理过程涉及检测和修正异常值，筛选过程用于去除重复、冗余或无效的数据，校正过程涉及对仪器误差和漂移进行修正。通过有效的数据预处理，可以提高后续数据分析的准确性。

2. 数据精度评估

对测量数据的精度进行评估是数据处理的重要环节。可以通过计算测量数据的标准差、方差等统计指标来评估数据的分散程度和稳定性。此外，还可以使用误差椭球法、最小二乘法等数学模型来对测量数据精度进行评估。这些方法能够帮助确定测量数据的可信度，为后续的数据处理和分析提供基础。

3. 数据一致性检查

在数据处理阶段，需要进行数据一致性检查，确保不同测量任务或不同测量点之间的数据是一致的。一致性检查包括对数据单位、坐标系、参考框架等进行统一，避免由于数据不一致而引起的误差和混淆。

4. 误差传播分析

在测量数据处理中，误差传播分析是一种重要的质量控制方法。通过对误差的传播路径进行分析，可以评估各个环节对最终测量结果的影响。这有助于确定影响测量精度的主要因素，并制定相应的控制策略。

（三）数据分析与解释阶段的质量控制方法

1. 统计分析

在数据分析阶段，统计分析是一种常用的质量控制方法。通过统计分析，可以得到数据的中心趋势、分散程度等重要统计特征。常用的统计方法包括均值、标准差、偏度、峰度等，这些指标能够帮助分析数据的分布规律和异常情况。

2. 空间数据分析

对于涉及空间位置的测量数据，空间数据分析是一项重要的质量控制手段。包括空间统计分析、空间插值、空间自相关等方法，通过这些分析可以揭示空间数据的分布规律、簇集现象等，为数据的解释提供更多空间上的信息。

3. 模型验证

如果在数据分析中使用了数学模型，那么模型验证就是一种重要的质量控制手段。通过将模型应用于独立数据集，或者与其他独立测量结果进行比较，可以验证模型的准确性和适用性。模型验证有助于确定模型的可信度，为结果的解释提供更有力的支持。

4. 数据可视化

数据可视化是一种直观且有效的质量控制方法。通过绘制图表、图形、地图等可视化工具，可以更清晰地展示数据的分布、趋势和关联关系。可视化不仅便于理解和解释数据，还能够帮助发现潜在的模式和异常。

（四）综合质量控制方法

1. 团队协作与交流

团队协作与交流是整个测量过程中不可忽视的质量控制环节。通过团队成员之间的密切协作和有效的信息交流，可以及时地发现和纠正潜在的问题。团队协作还有助于充分利用各个成员的专业知识，提高测量数据的质量。

2. 不确定度分析

在整个测量过程中，不确定度分析是一项全面的质量控制手段。不确定度分析涉及测量系统误差、人为误差、环境误差等多个方面的因素，通过对这些因素的分析，可以全面地了解数据的可靠性和误差来源。

3. 记录和文档管理

良好的记录和文档管理是保证测量数据质量的基础。记录包括对测量任务、仪器校准、数据处理步骤等方面的详细记录。通过合理的文档管理，可以随时追溯数据的来源和处理过程，为数据质量的追溯提供支持。

测量数据质量控制是保障科学研究、工程设计和生产制造等领域可靠性和准确性的重要环节。本书综合介绍了从数据采集、处理到分析和解释的全过程中的质量控制方法。通过选择合适的仪器、校准和验证、环境条件的控制、多次测量等手段，可以在数据采集阶段保证数据的准确性。在数据处理阶段，通过数据预处理、精度评估、一致性检查、误差传播分析等手段，可以提高数据的一致性和可靠性。在数据分析与解释阶段，通过统计分析、空间数据分析、模型验证、数据可视化等手段，可以深入理解数据的分布规律和关联关系。

未来，随着测量技术和数据处理方法的不断创新，新的质量控制手段和方法将不断涌现。同时，团队协作与交流、不确定度分析、记录和文档管理等方面的重要性将进一步凸显。综合运用这些手段，将有助于更好地保障测量数据的质量，推动科学研究和工程实践的可持续发展。

二、误差源分析与消除

在各个领域的测量和实验中，误差是不可避免的，而有效地分析和消除误差对于获得准确可靠的数据至关重要。误差可以来源于多个方面，包括测量仪器的精度、环境条件的变化、人为因素等。本书将深入探讨误差源的分类、分析方法以及针对性的误差消除策略。

（一）误差源的分类

1. 系统误差与随机误差

系统误差是指在测量中存在的常规性的、有方向的误差，它可能导致所有测量结果偏离真实值的同一个方向。系统误差通常与测量仪器、环境条件或观测者的技术水平等因素有关。与系统误差不同，随机误差是无规律的、无方向的误差，其存在是由于各种偶然因素引起的，可以通过多次测量取平均值来减小其影响。

2. 硬件误差与软件误差

硬件误差主要指与测量仪器的性能相关的误差，包括仪器的固有误差、漂移、非线性等。而软件误差则涉及数据处理和分析过程中可能引入的误差，如算法选择不当、数值计算的精度问题等。

3. 环境误差

环境条件的变化可能对测量结果产生影响，这被称为环境误差。例如，温度、湿度、气压的变化都可能导致测量仪器性能的波动，从而影响测量的准确性。

4. 人为误差

人为误差是由于操作者的技术水平、主观判断、疲劳等因素引起的误差。不同的操作者可能在同一测量任务中产生不同的结果，这种误差称为人为误差。

（二）误差源的分析方法

1. 标准参考物比对法

标准参考物比对法是通过将待测量物与已知准确数值的标准参考物进行比对，从而分析和确定测量仪器的误差。这种方法通常用于仪器的定期校准过程，通过与标准参考物的比对，可以评估测量仪器的准确性和精度。

2. 重复测量与平均法

重复测量是通过对同一测量对象进行多次独立测量，然后取平均值的方法。通过对多次测量结果的比较，可以识别和评估随机误差的影响，提高测量的准确性。

3. 数学模型拟合法

数学模型拟合法是通过建立数学模型，将测量结果与理论值进行拟合，从而分析和修正系统误差。通过选择适当的数学模型，可以更准确地描述测量过程中存在的误差来源。

4. 环境监测法

对环境条件进行实时监测是分析和消除环境误差的有效手段。通过在测量过程中监测温度、湿度、气压等环境因素的变化，可以及时调整仪器参数或对测量结果进行修正，降低环境误差的影响。

5. 独立测量比对法

独立测量比对法是通过采用不同的测量方法或不同的测量仪器对同一物体进行独立测量，然后比对测量结果。通过比对不同测量方法或仪器的结果，可以发现系统误差并进行修正，提高测量的可靠性。

（三）误差消除策略

1. 仪器校准

仪器校准是保证测量仪器准确性的基本手段。定期对测量仪器进行校准，可以发现和修正仪器的漂移和误差，确保其性能稳定。

2. 环境控制

对测量环境进行有效的控制是减小环境误差的关键。在测量前后对温度、湿度、气压等环境因素进行监测和调整，可以减小环境变化对测量结果的影响。

3. 采用高精度仪器

选择高精度的测量仪器是有效降低硬件误差的手段。在满足测量要求的前提下，尽可能选择具有更高精度的仪器，以提高测量的准确性。

4. 人员培训

通过对测量人员进行专业培训，提高其操作技能和认识误差的能力，可以有效降低人为误差。培训内容可以包括正确的测量操作流程、注意事项、仪器使用方法以及对测量结果的合理解释等方面。通过培训，操作者能够更加熟练地使用仪器，并且在测量过程中能够注意潜在的误差来源，从而提高测量的可靠性。

5. 数据处理与分析

在数据处理与分析阶段，采用合适的数学模型和算法进行数据处理，可以有效地减小软件误差。选择合适的统计方法、数学拟合模型等，有助于减小由于数据处理引入的误差，并提高测量的精度。

6. 定期维护与检查

对测量仪器进行定期的维护和检查，发现并及时修复潜在的问题，有助于维持仪器的正常性能。此外，及时更换老化的仪器部件、校准仪器、检查仪器的连接线等，都是维持仪器准确性的有效手段。

7. 多种方法的综合应用

在实际测量中，很少有一种方法可以完全消除所有的误差。因此，采用多种方法的综合应用通常是一种更为有效的策略。通过同时采用标准参考物比对法、重复测量与平均法、数学模型拟合法等多种手段，可以更全面地分析和消除误差，提高测量的准确性。

误差源分析与消除是保障测量数据准确性和可靠性的关键环节。本书深入探讨了误差源的分类、分析方法以及消除策略，并以全站仪测量为例进行了案例分析。通过仪器校准、环境控制、人员培训等手段，可以有效降低硬件误差、环境误差和人为误差。同时，采用重复测量与平均法、数学模型拟合等方法，有助于减小随机误差和系统误差的影响，提高测量的准确性。

未来，随着科技的不断发展，新的测量技术和方法将不断涌现。在实际应用中，可以结合先进的传感技术、自动化控制系统以及数据处理算法，进一步提高测量的精度和效率。同时，对于特定领域的测量任务，还可以制定误差消除策略，使其更符合实际需求。

三、数据可靠性评估与质量保证

在科学研究、工程设计、商业决策等领域，数据的可靠性对于决策的准确性和项目的成功实施至关重要。然而，数据可靠性受到多种因素的影响，包括测量误差、数据采集方法、数据处理过程等。本书将深入探讨数据可靠性评估的方法和质量保证的策略，以确保数据在应用过程中的准确性和可信度。

（一）数据可靠性评估方法

1. 精度和准确性评估

精度和准确性是数据可靠性的重要指标。精度指数据的测量结果与真实值之间的接近程度，而准确性表示测量结果的偏离程度。对于不同类型的数据，可以采用不同的评估方法，如在测量领域中，可以使用标准偏差、均方根误差等指标来评估精度和准确性。

2. 重复性和可重复性

重复性指的是在相同条件下对同一对象进行多次测量，得到的结果的一致性。而可重复性则要求在不同条件下，不同的测量者或仪器对同一对象进行测量，得到的结果应该是一致的。通过分析重复性和可重复性，可以评估数据的稳定性和一致性。

3. 不确定度评估

不确定度是用来表示测量结果的范围，其大小取决于测量过程中的各种误差和不确定因素。通过对不确定度的评估，可以提供数据的可靠性区间，帮助用户更好地理解数据的真实性和可能的误差范围。

4. 置信度区间

通过构建置信度区间，可以为数据结果提供一个可靠性的区间范围。例如，95% 的置信度区间表示我们有 95% 的信心认为真实值落在该区间内。置信度区间的构建需要考虑测量误差、样本数量等因素，对于评估数据的可靠性具有重要作用。

（二）数据质量保证策略

1. 标准化数据采集和处理流程

制定和遵循标准的数据采集和处理流程是确保数据质量的基础。这包括明确定义测量方法、采样规范、数据录入标准等，以减小人为误差的影响性，并确保数据的一致性和可比性。

2. 仪器设备的定期维护和校准

保持仪器设备的稳定性和准确性是保证数据可靠性的关键。定期维护和校准仪器设备，及时发现并修复潜在问题，以确保测量结果的精度和准确性。

3. 人员培训和质量控制

经过专业培训的人员更有可能减小人为误差的发生。提供相关知识培训、操作规程培训，建立质量控制机制，对数据采集人员进行周期性的评估和监控，以确保数据采集的一致性和准确性。

4. 数据清洗和异常值处理

在数据处理阶段，及时进行数据清洗，发现并处理异常值。异常值可能是由于误操作、设备故障等引起的，对这些异常值进行合理的处理，有助于提高数据的准确性。

5. 数据存储和管理

建立合理的数据存储和管理体系对于数据的可靠性至关重要。确保数据的完整性、可追溯性和安全性，采用适当的数据备份和恢复策略，可以有效减少数据丢失和错误的风险。

6. 质量审核和审查

定期进行数据质量的审核和审查是质量保证的关键环节。通过独立的质量审核团队对数据采集、处理和分析的过程进行审查，发现潜在问题并及时纠正，确保数据的可靠性和科学性。

7. 多源数据融合

在某些情况下，通过整合多个数据源可以提高数据的可靠性。不同数据源可能存在不同的误差和偏差，通过融合这些数据，可以减小某些误差的影响，提高数据的综合准确性。

8. 不断改进

数据质量保证是一个不断改进的过程。通过不断的监测和反馈机制，及时发现并解决问题，引入新的技术和方法，使得数据质量保证体系能够与时俱进，适应不同领域和不同任务的需求。

数据可靠性评估与质量保证是科学研究和工程实践中不可忽视的重要环节。通过精确的评估方法，结合系统的质量保证策略，可以确保数据的可靠性和科学性。在未来，随着技术的不断发展，新的数据质量保证方法和工具将不断涌现。加强对大数据、人工智能等新兴技术应用中数据可靠性的研究，将为各个领域的数据应用提供更加可靠和可信的基础。在实际应用中，要注重数据质量保证的全过程管理，注重培养相关专业人才，不断提高数据质量管理水平，以推动科技发展和社会进步。

第二节　数字图像处理与土木工程测量

一、数字图像获取与处理技术

数字图像获取与处理技术是一门涵盖光学、电子学、计算机科学等多个领域的交叉学科，广泛应用于医学影像、遥感、计算机视觉、图形学等领域。数字图像获取是指通过传感器或设备采集场景中的光学信息，并转换为数字形式；而数字图像处理则是对获取的数字图像进行分析、增强、识别等操作。本书将深入探讨数字图像获取与处理技术的原理、方法以及应用领域。

（一）数字图像获取技术

1. 光学传感器

光学传感器是数字图像获取的关键组成部分，它能够将光学信号转换为电信号，进而被数字设备处理。常见的光学传感器包括：

CCD（Charge-Coupled Device）：CCD 是一种常见的光电传感器，通过光电效应将光信号转化为电荷，并通过电荷耦合传递到电荷耦合器上，最终转换为电信号：

CMOS（Complementary Metal-Oxide-Semiconductor）：CMOS 传感器是另一种常见的光电传感器，相比于 CCD，CMOS 传感器制作工艺更简单，功耗更低，成本更低。

2. 摄像机和相机

摄像机和相机是数字图像获取的主要设备。它们包括镜头、光圈、快门和传感器等组件，通过这些组件协同工作，将场景中的光学信息转化为数字图像。

镜头：镜头决定了图像的清晰度和畸变程度。不同类型的镜头适用于不同的场景，如定焦镜头、变焦镜头等。

光圈：光圈控制着进入相机的光线量，影响图像的曝光程度。较小的光圈通常用于增加景深，而较大的光圈用于减小景深。

快门：快门决定了光线进入传感器的时间，影响图像的曝光时间。短曝光时间可冻结快速运动的物体，而长曝光时间则适用于拍摄光线较暗的场景。

3. 激光雷达

激光雷达是一种通过测量激光脉冲在目标上反射的时间来获取目标三维坐标信息的传感器。激光雷达常用于三维建模、地图制作、无人驾驶等领域，提供高精度的空间信息。

4.红外摄像技术

红外摄像技术利用目标辐射的红外辐射信息进行成像。它在夜间或低光环境下具有明显优势，被广泛应用于夜视设备、安防监控等领域。

（二）数字图像处理技术

1.图像预处理

图像预处理是在图像进行进一步处理之前对其进行的初始处理。常见的图像预处理操作包括：

去噪：消除图像中的噪声，提高图像质量；

图像平滑：使用平滑滤波器减小图像中的细节，降低噪声；

锐化：使用锐化滤波器增强图像的边缘和细节。

2.图像增强

图像增强旨在改善图像的视觉质量，使其中的信息更加清晰。常见的图像增强方法有：

直方图均衡化：通过拉伸图像的直方图，增加图像的对比度；

灰度变换：调整图像的灰度级别，以凸显特定的信息；

色彩增强：调整图像的颜色饱和度和对比度，改善图像的色彩效果。

3.图像分割

图像分割是将图像划分为不同区域或物体的过程。常用的图像分割方法包括：

阈值分割：根据图像中像素的灰度值设定阈值，将图像分为不同的区域；

边缘检测：通过检测图像中的边缘信息，实现对图像的分割；

区域生长：从图像中的某个种子像素开始，逐渐生长形成一个区域，直至满足某个停止准则。

4.特征提取与描述

特征提取与描述是从图像中提取出有意义的信息，用于后续的图像分析和识别。常见的特征包括：

边缘特征：提取图像中的边缘信息；

纹理特征：描述图像中的纹理信息，如斑点、条纹等；

颜色特征：提取图像中的颜色信息，包括色调、饱和度等；

形状特征：描述图像中物体的形状，如圆、矩形等。

5.图像识别与分类

图像识别与分类是数字图像处理的重要应用领域，它通过对图像的特征进行分析和学习，将图像分为不同的类别。常见的图像识别与分类方法包括：

机器学习：利用机器学习算法，如支持向量机（SVM）、卷积神经网络（CNN）等进行图像分类。

模式识别：基于图像的模式进行识别，通过匹配图像特征与已知模式进行分类。

深度学习：利用深度学习模型，如深度神经网络（DNN）、循环神经网络（RNN）等进行图像识别和分类，取得了在图像处理领域的显著成果。

6. 图像合成与重建

图像合成与重建是将多个图像融合成一个图像或从有损的图像中恢复出高质量图像的过程。这涉及图像的插值、补偿和复原等技术，常用于医学影像、卫星遥感等领域。

7. 图像压缩

图像压缩是为了减小图像文件的体积，提高存储和传输效率。常见的图像压缩方法包括有损压缩和无损压缩，如 JPEG、PNG 等压缩标准。

（三）应用领域

1. 医学影像

数字图像获取与处理技术在医学影像领域得到广泛应用。通过医学图像设备，如 CT（计算机断层扫描）、MRI（磁共振成像）、X 射线等，获取患者体内的图像信息，通过图像处理和分析，实现疾病的诊断、治疗和监测。

2. 计算机视觉

计算机视觉依赖数字图像处理技术，用于实现机器对图像的感知、理解和决策。计算机视觉应用广泛，包括人脸识别、目标检测、自动驾驶等。

3. 遥感与地理信息系统（GIS）

遥感技术通过卫星、飞机等平台获取地球表面的图像信息，数字图像处理技术用于提取地物信息、制作地图、监测环境变化等。GIS 将地理信息与数字图像相结合，实现空间数据的管理和分析。

4. 安防监控

数字图像获取技术在安防监控系统中被广泛应用。监控摄像头通过数字图像采集技术获取场景信息，图像处理技术用于实时监测异常行为、识别人脸等。

5. 虚拟现实与增强现实

数字图像处理技术支撑虚拟现实（VR）和增强现实（AR）技术。通过数字图像合成、虚拟场景构建等技术，实现用户在虚拟或增强的环境中的交互与体验。

数字图像获取与处理技术作为一门交叉学科，已经在多个领域取得了显著成就。随着科技的不断发展，数字图像处理技术将继续推动各行业的创新与进步。

二、图像在土木工程测量中的应用

随着科技的不断发展，数字图像获取与处理技术在土木工程测量中得到了广泛应用。数字图像不仅为土木工程提供了高效、精确的测量手段，还为工程设计、监测和管理提供了更加全面的信息。本书将深入探讨数字图像在土木工程测量中的应用，包括图像获取技术、图像处理方法以及在各个土木工程阶段的具体应用。

（一）数字图像获取技术在土木工程中的应用

1. 无人机航拍

无人机航拍是当前土木工程测量中最常见的数字图像获取技术之一。通过搭载摄像头的无人机，可以高效、迅速地获取大范围区域的高分辨率图像。无人机航拍广泛应用于土地测绘、道路规划、建筑设计等领域。

应用案例：

土地规划：通过无人机航拍获取土地区域的高分辨率图像，用于土地规划和利用评估。

道路设计：利用无人机航拍获取道路工程区域的图像，进行地形分析和设计，为道路施工提供数据支持。

2. 激光扫描

激光扫描技术结合了激光雷达和图像获取技术，能够以高精度获取地形、建筑物和结构物的三维信息。激光扫描在土木工程中被广泛应用于工程测量和建模。

应用案例：

建筑测量：利用激光扫描获取建筑物的三维模型，用于建筑设计和结构分析。

地形测量：对山区、河流等复杂地形进行激光扫描，获取高精度的地形数据，用于土地开发和水资源管理。

3. 摄像机监测系统

在土木工程中，摄像机监测系统通过安装在工程现场的摄像头，实时监测工程进度、安全状况以及材料运输等情况。这为工程管理和监测提供了直观的视觉数据。

应用案例：

工程进度监测：利用摄像机监测系统实时记录工程现场的施工过程，帮助项目管理者监控工程进度和质量。

安全监测：在施工现场设置摄像头，通过图像识别技术监测工人的安全行为，及时预警潜在危险。

（二）数字图像处理在土木工程中的应用

1. 图像配准和拼接

图像配准和拼接是将多个图像进行精确匹配和拼接的过程。在土木工程中，这一技术常用于处理大范围区域的图像，以获取更全面的信息。

应用案例：

地形图生成：通过对多个航拍图像进行配准和拼接，生成高精度的地形图，用于工程设计和规划。

工程全景图：将多个监测点的图像拼接成全景图，实现对整个工程现场的实时监测。

2. 目标检测与识别

目标检测与识别是利用图像处理技术识别出图像中的特定目标或物体。在土木工程中，这一技术可用于识别建筑物、道路、桥梁等工程要素。

应用案例：

建筑物识别：利用图像处理技术，从航拍图像中自动识别建筑物的轮廓和特征，用于建筑物信息提取。

交通标识检测：在道路监测图像中使用目标检测，实时识别交通标识，为交通管理提供支持。

3. 变形监测

变形监测通过比较不同时间点的图像，识别出工程结构或地形的变化情况，这有助于实时监测工程的稳定性和安全性。

应用案例：

土地沉降监测：利用变形监测技术，识别土地沉降的区域和程度，为土地稳定性评估提供数据。

建筑物结构变形监测：通过定期获取建筑物的监测图像，识别出结构变化，实现对建筑物安全性的实时监测和评估。

4. 智能图像解译

智能图像解译是利用人工智能和机器学习技术对图像进行自动解析和理解的过程。在土木工程中，智能图像解译可用于提取更复杂的信息，如土地利用、植被覆盖等。

应用案例：

土地利用分类：利用智能图像解译技术，将航拍图像中的地物进行分类，如农田、建筑区、水域等，为土地规划提供支持。

植被监测：通过对植被覆盖的图像进行解译，实现对植被的监测和评估，用于生态环境保护和城市绿化规划。

数字图像在土木工程测量中的应用正在不断拓展和深化。从前期规划到施工监测再到工程验收与管理，数字图像处理技术为土木工程提供了丰富的信息支持。未来，随着技术的不断创新，数字图像在土木工程中的应用将更加智能化、自动化，并成为推动土木工程发展的重要工具。

三、图像处理算法与工具

图像处理是数字图像获取与处理技术领域的重要分支，它涵盖了多种算法和工具，用于对图像进行分析、增强、特征提取、目标检测等操作。在各个领域，如医学影像、计算机视觉、遥感等，图像处理算法与工具的不断发展为研究和应用提供技术支持。本书将深入探讨常见的图像处理算法和工具，包括基础的处理方法、深度学习算法以及广泛应用的工具。

（一）基础图像处理算法

1. 灰度变换

灰度变换是最基础的图像处理方法之一，通过对图像的灰度级别进行变换，实现对图像对比度、亮度的调整。常见的灰度变换包括：

线性变换：对图像进行线性变换，通过调整斜率和截距来改变图像的对比度和亮度。

伽马变换：通过对图像进行伽马校正，调整图像的亮度分布，常用于图像的校正和增强。

2. 滤波与卷积

滤波与卷积是图像处理中常见的操作，通过卷积核与图像进行卷积运算，实现图像的模糊、锐化、边缘检测等效果。常见的滤波器包括：

均值滤波：通过卷积核的均值来平滑图像，减小噪声。

高斯滤波：利用高斯函数权重进行卷积，实现平滑的同时保留图像细节。

拉普拉斯滤波：用于边缘检测，通过对图像进行拉普拉斯变换突出边缘。

3. 直方图均衡化

直方图均衡化是一种调整图像对比度的方法，通过拉伸图像的直方图，使得图像中各个灰度级别的分布更均匀，这有助于提高图像的视觉效果和特征分辨率。

4. 边缘检测

边缘检测是图像处理中的关键任务，用于识别图像中物体的边缘。常见的边缘检测算法包括：

Sobel 算子：通过卷积 Sobel 算子进行水平和垂直方向的边缘检测。

Canny 边缘检测：利用多步骤的算法进行边缘检测，包括平滑、梯度计算、非极大值抑制和边缘跟踪。

（二）深度学习图像处理算法

1. 卷积神经网络（CNN）

卷积神经网络是深度学习中应用广泛的图像处理算法，它通过卷积层、池化层和全连接层等组件，实现对图像的特征学习和分类。常见的 CNN 结构包括：

LeNet：由 Yann LeCun 提出的卷积神经网络，主要用于手写数字识别。

AlexNet：在 2012 年 ImageNet 大规模视觉识别竞赛中获胜的深度卷积神经网络，为深度学习在图像处理领域的崛起奠定了基础。

VGG：由 Visual Geometry Group 提出，通过多个卷积层和全连接层构建深度网络，适用于各种图像分类任务。

2. 循环神经网络（RNN）

循环神经网络是一类能够处理序列数据的神经网络，对于图像处理中的时序信息提取具有优势。在图像处理中，RNN 可用于处理视频序列、图像描述生成等任务。

3. 生成对抗网络（GAN）

生成对抗网络是一种通过训练生成器和判别器相互对抗学习的深度学习算法。在图像处理中，GAN 可用于生成逼真的图像，如人脸生成、风格转换等。

4. 迁移学习

迁移学习是一种利用已训练好的深度学习模型在新任务上进行优化的方法。在图像处理中，迁移学习可用于在小样本数据上训练高效的模型，提高模型的泛化能力。

（三）常用图像处理工具

1. OpenCV

OpenCV 是一个开源的计算机视觉库，提供了丰富的图像处理和计算机视觉算法。它支持多种编程语言，包括 C++、Python 等，广泛应用于图像处理、目标检测、特征提取等领域。OpenCV 不仅提供了基础的图像处理功能，还包括了一系列计算机视觉算法和机器学习工具，使其成为研究和应用中的重要工具之一。

2. MATLAB

MATLAB 是一款强大的科学计算和工程仿真软件，广泛应用于图像处理。MATLAB 提供了丰富的图像处理工具箱，包括基础的图像处理函数、滤波器设计、图像分割和特征提取等功能，其直观的界面和丰富的工具使得用户能够快速实现图像处理算法和进行实验。

3. scikit-image

scikit-image 是基于 Python 的图像处理库，建立在 NumPy、SciPy 和 Matplotlib 之上。它提供了一系列图像处理算法和工具，涵盖了图像变换、分割、特征提取等领域。由于其与其他科学计算库的良好集成，scikit-image 在 Python 生态系统中得到了广泛的应用。

4. TensorFlow

TensorFlow 是一个由 Google 开发的深度学习框架，广泛应用于构建和训练深度学习模型。它不仅支持卷积神经网络（CNN）、循环神经网络（RNN）等深度学习模型的构建，还提供了图像处理的功能，包括图像分类、目标检测等任务。

5. PyTorch

PyTorch 是另一个流行的深度学习框架，它提供了动态图计算的特性，使得模型的构建和调试更加直观。PyTorch 同样支持图像处理任务，如通过 torchvision 库实现的图像分类、迁移学习等功能。

6. PIL（Python Imaging Library）

PIL 是一个 Python 图像处理库，提供了基础的图像处理功能，包括图像打开、保存、裁剪、旋转等。虽然 PIL 的维护已经停止，但其继任者 Pillow 在功能上进行了拓展，仍然是 Python 中常用的图像处理工具之一。

（四）未来趋势与挑战

1. 深度学习的发展

随着深度学习的不断发展，图像处理算法将更加注重模型的深度、精度和泛化能力。新的网络结构、训练技巧和优化方法将不断涌现，以应对更复杂的图像处理任务。

2. 图像处理在多领域的应用

图像处理算法将在更多领域得到应用，如医学影像、自动驾驶、虚拟现实等。算法需要不断优化，以适应不同领域的特殊需求和挑战。

3. 实时图像处理的需求

随着实时应用场景的增多，对于图像处理算法的实时性能提出更高的要求。算法需要更高的效率和更低的延迟，以适应实时监测、自动驾驶等应用。

4. 数据隐私与安全性

随着图像处理在更多领域的应用，数据隐私和安全性问题变得越发重要。算法和工具需要更多关注数据的保护、加密和隐私处理，以防止潜在的滥用和侵犯隐私的问题。

5. 可解释性与可重复性

在一些对结果解释要求较高的领域，图像处理算法需要更强的可解释性，使得用户能够理解模型的决策过程。同时，可重复性也是一个重要的趋势，确保算法的稳定性和可靠性。

图像处理算法与工具是数字图像获取与处理技术领域的关键组成部分，它们为图像分析、特征提取、目标检测等任务提供了有力支持。从基础的灰度变换、滤波卷积到深度学习的卷积神经网络、生成对抗网络，图像处理算法在不断演进。常用的工具如 OpenCV、MATLAB、scikit-image、TensorFlow 等，为研究者和开发者提供了强大的工作平台。未来，随着科技的不断发展，图像处理算法将更多地涉及深度学习、实时性能、数据隐私等方面，为各个领域的创新与应用带来更多可能性。

第三节　多源数据融合与整合

一、多传感器数据融合方法

随着科技的不断进步，传感器技术在各个领域中得到了广泛应用。然而，单一传感器所获取的信息可能存在不足或局限性，为了获取全面、准确的信息，多传感器数据融合成为一种重要的解决方案。多传感器数据融合是指将来自不同传感器的信息有效整合和利用，以提高系统的性能、可靠性和鲁棒性。本书将深入探讨多传感器数据融合的方法，包括融合层次、融合策略以及在不同领域中的应用。

（一）多传感器数据融合的层次

1. 低层次融合

低层次融合是指将来自多个传感器的原始数据融合在一起，形成更为全面的信息。这一层次的融合通常在传感器层面进行，主要目的是提高数据的丰富性和覆盖范围。常见的低层次融合包括：

数据对准与同步：确保来自不同传感器的数据在时间和空间上是对准和同步的，以便后续融合处理。

传感器数据标定：对传感器进行标定，确保它们的测量结果在物理上是一致的，减小融合时的误差。

数据预处理：对传感器的原始数据进行预处理，包括去噪、滤波、插值等，提高数据的质量。

2. 中层次融合

中层次融合是指在低层次融合的基础上，对数据进行初步的分析和处理，提取更高层次的信息。这一层次的融合通常涉及对数据的特征提取、目标检测和物体识别等任务。典型的中层次融合方法包括：

特征融合：将来自不同传感器的特征进行融合，以增强对目标或环境的描述能力。

目标关联：通过对来自多个传感器的目标进行关联分析，提高目标的识别准确性。

物体识别与跟踪：利用多传感器数据对目标进行更准确的识别和跟踪，提高系统对动态场景的理解。

3. 高层次融合

高层次融合是指在中层次融合的基础上，对更高层次的任务进行融合，如决策、推理和规划。这一层次的融合旨在为系统提供更智能、更全局的决策支持。高层次融合的典型方法包括：

多传感器融合决策：结合来自不同传感器的信息，进行更全面、准确的决策。

多传感器推理：利用多传感器数据进行推理，提高对复杂场景的理解和分析能力。

任务规划与执行：基于多传感器数据，对系统的任务进行规划和执行，实现更智能的系统行为。

（二）多传感器数据融合的策略

1. 串行融合

串行融合是指将来自不同传感器的信息按照一定的顺序进行融合。通常，这种融合策略按照某种优先级或顺序，逐步整合多传感器数据。典型的串行融合过程包括：

层次化融合：从低层次开始，逐步将信息整合到更高层次，形成完整的数据融合结果。

级联融合：将一部分传感器的数据融合后，再与另一部分传感器的数据进行融合，进行级联融合。

2. 并行融合

并行融合是指同时考虑和整合来自不同传感器的信息。在这种融合策略下，各传感器的数据可以独立地进行融合，然后再将各传感器的融合结果整合在一起。典型的并行融合方法包括：

信息融合中心：设立一个中心负责整合各传感器的融合结果，形成综合的信息。

分布式融合：在系统中的不同节点上进行融合处理，各节点相互协作完成信息整合任务。

3. 融合权重调整

融合权重调整是指根据传感器的质量、可靠性、准确性等因素，为各传感器的信息分配不同的融合权重。这种策略下，每个传感器的贡献被动态地考虑，以提高整体融合效果。典型的权重调整方法包括：

信息熵权重调整：根据传感器提供的信息熵来调整权重，信息熵越高的传感器可能对系统提供的信息贡献越大。

历史性能权重调整：根据传感器的历史性能，调整其权重，以提高可信度较高的传感器在融合中的影响力。

可信度评估权重调整：利用可信度评估方法，对传感器的可信度进行估计，从而调整权重，提高可信度高的传感器的影响。

（三）多传感器数据融合的应用领域

1. 自动驾驶

在自动驾驶领域，多传感器数据融合是实现精准环境感知和决策的关键。通过融合来自激光雷达、摄像头、雷达等传感器的数据，自动驾驶系统可以更全面地感知周围环境，提高对障碍物、行人、车辆等的识别和定位准确性。

2. 智能交通系统

在智能交通系统中，多传感器数据融合有助于提高交通流量监测、事故检测和信号控制的效果。通过整合来自摄像头、微波雷达、车辆感应器等传感器的数据，系统能够更准确地分析路况，实现智能交通管理。

3. 医疗健康监测

在医疗领域，多传感器数据融合可用于监测患者的生理参数、活动水平和健康状态。结合传感器如心率监测器、体温传感器、运动传感器等的数据，可以实现对患者的全面监测，提高疾病诊断和健康管理的精准性。

4. 环境监测

多传感器数据融合在环境监测中起到关键作用，包括大气污染监测、水质监测、土壤监测等。通过整合来自不同传感器的信息，可以更全面地了解环境的变化，及时发现污染源、监测气象条件等。

5. 军事应用

在军事领域，多传感器数据融合用于目标识别、态势感知、导航定位等方面。通过融合来自雷达、红外传感器、光学传感器等多种传感器的信息，军事系统可以提高对复杂作战环境的感知和决策能力。

多传感器数据融合作为一种关键的技术手段，在各个领域中都发挥着重要作用。通过合理融合来自不同传感器的信息，系统能够更全面、准确地理解和响应环境。未来，随着技术的不断发展，多传感器数据融合将更加智能化、实时化，并应用于更多新兴的领域，推动科技创新和社会进步。

二、地理信息系统中的数据整合

地理信息系统（Geographic Information System，GIS）是一种用于捕获、存储、管理、分析和展示地理空间数据的技术。随着社会的发展和科技的进步，地理信息系统在城市规划、自然资源管理、灾害监测等领域的应用日益广泛。然而，现实世界中的地理信息数据通常来自不同来源、不同格式、不同精度，因此，对这些数据进行整合变得至关重要。本书将深入探讨地理信息系统中的数据整合，包括数据整合的定义、挑战、方法和应用。

（一）数据整合的定义

数据整合是指将来自不同数据源、不同格式、不同空间分辨率和不同时间分辨率的地理信息数据整合为一致、连贯、高质量的数据集的过程。地理信息系统中的数据整合旨在解决异构数据集之间的差异，使其能够协同工作，为用户提供更全面、准确的地理信息。

数据整合的主要目标包括：

一致性：确保整合后的数据在空间和属性上保持一致，使其能够有效地被使用和分析。

连贯性：保持数据在时间和空间上的连贯性，使得用户可以进行跨时空分析和查询。

完整性：确保整合后的数据集是完整的，没有缺失或冗余的信息，以提供准确的地理描述。

可靠性：确保整合后的数据是可靠的，即具有高精度和高质量，能够支持决策和规划。

（二）数据整合的挑战

1. 数据异构性

地理信息系统中的数据来自多个来源，包括卫星遥感、GPS 定位、传感器监测等，这些数据可能具有不同的格式、坐标系统、精度和时间分辨率，造成了数据异构性。数据整合需要克服这些异构性，确保数据能够协同工作。

2. 空间不一致性

不同数据集之间可能存在空间不一致性，即它们的坐标系统、投影方式或地理参考不同。在整合过程中，需要进行坐标转换和空间配准，以确保数据在同一空间框架内。

3. 时间不一致性

地理信息数据通常涉及时间维度的变化，但不同数据集的时间分辨率、起始时间等可能不一致。在整合过程中，需要考虑时间同步和时间尺度的问题，以实现时间一致性。

4. 数据量大和高维度

地理信息数据往往具有大量的空间信息和属性信息，导致数据量庞大且具有高维度。在数据整合时，需要考虑存储、处理和分析这些大规模、高维度数据的挑战。

5. 数据质量

不同数据源的数据质量可能存在差异，包括精度、完整性、一致性等方面。在整合过程中，需要考虑如何评估和提高数据质量，以确保整合结果的可信度。

6. 隐私和安全性

一些地理信息数据可能涉及个人隐私或敏感信息，因此在整合过程中需要考虑数据的隐私保护和安全性问题。如何确保数据整合的同时保护个人隐私是一个重要的挑战。

（三）数据整合的方法

1. 空间数据整合

（1）空间配准和坐标转换

空间数据整合的第一步是进行空间配准和坐标转换。这包括将不同坐标系统的数据进行转换，使其在同一地理参考框架内，以确保数据的空间一致性。

（2）空间插值

在数据整合过程中，可能会遇到空间分辨率不一致的情况。空间插值方法可以用来填补空间上的差异，使得数据在同一分辨率下表现一致。

（3）空间统计方法

空间统计方法可以用来分析和模拟空间数据的空间分布规律，通过空间插值、空间平滑等手段进行数据整合，提高整合后数据的空间准确性。

2. 时间数据整合

（1）时间同步

在时间数据整合中，需要对不同数据源的时间进行同步。时间同步是指将不同数据集的时间轴对齐，使其具有相同的时间基准。这通常涉及时间轴的调整或插值，确保整合后的数据在时间上保持一致。

（2）时间尺度转换

不同数据集可能具有不同的时间尺度，如秒级、分钟级、小时级等。在数据整合中，可能需要进行时间尺度的转换，以使得数据能够按照相同的时间单位进行分析和比较。

（3）时间序列分析

时间序列分析方法可以用来挖掘和分析地理信息数据中的时间趋势、周期性等特征。通过对时间序列的分析，可以更好地理解地理信息数据的时间变化规律，为数据整合提供更多参考。

3. 数据融合方法

（1）加权融合

加权融合是一种常见的数据融合方法，通过为不同数据源赋予权重，将其线性或非线性地组合起来。权重的确定通常基于数据质量、可靠性、精度等因素，以确保高质量数据对整合结果的影响更大。

（2）模型驱动融合

模型驱动融合利用数学模型对数据之间的关系进行建模，然后利用模型对数据进行融合。常见的模型包括回归模型、时空模型等。模型驱动融合的优势在于可以更好地理解和利用数据之间的内在关系。

（3）空间插值融合

空间插值融合方法通过对空间数据进行插值，填补数据之间的空间差异。插值方法可以包括克里金插值、反距离权重插值等，以实现对空间数据的平滑和一致性。

（4）数据挖掘方法

数据挖掘方法可以用于从多个数据源中挖掘隐藏的模式、规律和关联性。聚类、分类、关联规则挖掘等方法可以帮助发现数据之间的关系，为数据整合提供更深层次的支持。

4. 集成平台和工具

（1）GIS 软件

地理信息系统软件如 ArcGIS、QGIS 等提供了丰富的数据整合功能。这些软件通常包括数据转换、坐标转换、空间分析等工具，方便用户进行地理信息数据的整合和分析。

（2）数据仓库和大数据平台

数据仓库和大数据平台提供了对大规模地理信息数据的存储、管理和分析能力。利用这些平台，可以实现对异构数据的整合，并支持复杂的地理信息分析和查询。

（3）开放源代码工具

开放源代码工具如 GDAL、PostGIS 等提供了广泛的地理信息数据处理功能。这些工具可以用于格式转换、空间分析、数据融合等任务，满足不同用户的需求。

（四）地理信息系统中的数据整合应用

1. 城市规划与管理

在城市规划与管理中，需要整合来自不同数据源的城市地理信息，包括地形地貌、交通网络、人口分布等。通过数据整合，可以支持城市规划、交通优化、资源管理等决策。

2. 环境监测与保护

在环境监测领域，地理信息系统需要整合气象、水质、土壤等多个方面的数据。通过整合这些数据，可以实现对环境变化的实时监测，支持环境保护决策。

3. 农业与资源管理

农业和资源管理需要整合遥感数据、土壤数据、气象数据等多源数据，以支持农业生产和资源合理利用。数据整合可用于精准农业、水资源管理等方面。

4. 灾害监测与应对

在灾害监测与应对中，地理信息系统需要整合卫星遥感数据、地质数据、气象数据等，用于监测地质灾害、气象灾害等情况，并为灾害应对提供支持。

5. 医疗卫生与流行病学研究

地理信息系统在医疗卫生和流行病学研究中的应用也离不开数据整合。整合医疗数据、人口统计数据、地理数据，可以支持疾病分布分析、流行病传播模拟等研究。

地理信息系统中的数据整合是实现多源异构地理信息数据协同工作的关键环节。面对不同来源、不同格式、不同精度的数据，数据整合旨在解决数据异构性、空间不一致性、时间不一致性等挑战，以提供一致、连贯、高质量的地理信息数据。数据整合的方法包括空间数据整合、时间数据整合、数据融合等，涉及空间配准、坐标转换、时间同步、加权融合等多种技术手段。在不同领域的应用中，数据整合为城市规划、环境监测、农业管理、医疗卫生等提供了强大的支持。

未来，随着云计算、人工智能等技术的不断发展，数据整合将更加注重效率、精度和可视化。同时，开放数据、多模态数据融合、隐私保护等方面的关注将推动地理信息系统中数据整合的不断创新。整合多源地理信息数据的能力将对科学研究、社会决策和产业发展产生深远影响，推动地理信息系统迈向更加智能、可持续发展的未来。

三、数据云端处理与整合平台

随着信息技术的不断发展，大量数据的产生、存储和处理成为当今社会面临的重要挑战。数据云端处理与整合平台应运而生，作为一种基于云计算的解决方案，为用户提供了高效、灵活、可扩展的数据处理和整合服务。本书将深入探讨数据云端处理与整合平台的定义、关键特性、应用领域、技术架构以及未来发展趋势。

（一）数据云端处理与整合平台的定义

数据云端处理与整合平台是一种基于云计算技术的数据处理和整合解决方案，它将数据存储、计算和整合等功能移植到云端，提供统一的数据处理接口和工具，使用户能够方便地进行大规模数据的分析、挖掘、整合和可视化。这种平台通常基于分布式计算和存储架构，能够处理来自不同来源、不同格式、不同结构的数据。

关键特性包括：

弹性扩展性：数据云端处理与整合平台具有良好的弹性扩展性，能够根据需求快速调整计算和存储资源，适应不同规模的数据处理任务。

多样化的数据处理功能：这种平台通常提供丰富的数据处理工具和算法，包括数据清洗、转换、分析、建模等多样化的功能，以满足用户对数据的不同需求。

分布式计算和存储：数据在云端以分布式方式存储，计算任务也通过分布式计算框架进行加速，提高了平台对大规模数据高效处理的能力。

开放性和可扩展性：数据云端处理与整合平台通常具有开放的 API 和插件机制，可以与其他系统集成，同时支持用户自定义扩展，以适应不同领域和行业的需求。

（二）数据云端处理与整合平台的关键技术架构

1.云计算基础设施

数据云端处理与整合平台建立在云计算基础设施之上，包括云存储、云计算资源、云网络等。常见的云服务提供商如 Amazon Web Services（AWS）、Microsoft Azure、Google Cloud 等提供了强大的基础设施支持。

2.大数据处理框架

大数据处理框架是数据云端处理与整合平台的核心组成部分，常见的包括 Apache Hadoop、Apache Spark、Apache Flink 等。这些框架支持分布式计算，能够对大规模数据进行高效处理和分析。

3.数据集成和清洗工具

为了整合来自不同数据源的数据，平台通常提供数据集成和清洗工具。这些工具可以帮助用户连接各种数据源、清理和转换数据，确保数据在整合过程中的一致性和质量。

4.数据分析和挖掘工具

数据云端处理与整合平台通常包括数据分析和挖掘工具，用于从大规模数据中挖掘出有价值的信息。这些工具可能包括机器学习算法、统计分析方法等，帮助用户发现数据中的模式和趋势。

5.可视化工具

为了使用户更直观地理解数据分析结果，平台通常提供可视化工具。这些工具能够生成各种图表、地图、仪表盘等，帮助用户更好地理解数据的内在关系。

6.安全性和隐私保护机制

由于处理的数据可能涉及敏感信息，数据云端处理与整合平台必须具备强大的安全性和隐私保护机制。这包括数据加密、身份认证、访问控制等技术手段，确保用户的数据在整个处理过程中得到充分保护。

（三）数据云端处理与整合平台的应用领域

1.企业业务智能

企业需要处理大量的业务数据，数据云端处理与整合平台可以帮助企业进行数据清洗、分析和挖掘，提供实时的业务智能支持。这包括销售预测、用户行为分析、供应链优化等方面。

2.金融行业

在金融行业，数据云端处理与整合平台可以用于风险管理、欺诈检测、客户关系管理等。通过对大量交易数据的分析，金融机构可以更好地理解市场趋势，提高风险控制能力。

3. 医疗健康领域

在医疗健康领域，平台可以整合患者的临床数据、医学影像数据、基因数据等多源数据，支持医生进行个性化治疗方案的制订、疾病预测等。

4. 物联网

物联网涉及大量设备生成的数据，数据云端处理与整合平台可以用于物联网数据的实时处理和分析，这包括设备健康监测、智能城市管理、工业生产优化等方面。

5. 零售与电商

在零售与电商领域，平台可以整合销售数据、用户行为数据、库存数据等，支持精准的商品推荐、库存管理、市场营销决策等。

6. 教育

数据云端处理与整合平台在教育领域的应用包括学生学习行为分析、教学资源优化、教育评估等。通过对学生数据的整合和分析，可以提供个性化的学习支持。

7. 媒体与娱乐

在媒体与娱乐行业，平台可以用于用户行为分析、内容推荐、广告优化等。通过对用户数据的整合，媒体公司可以更好地满足用户需求，提供个性化的娱乐体验。

（四）数据云端处理与整合平台的未来发展趋势

1. 边缘计算与云端协同

未来数据处理平台将更加注重边缘计算与云端协同工作。边缘计算可以在数据产生的地方进行初步处理，减轻云端的压力，提高实时性和效率。

2. 强化人工智能集成

随着人工智能技术的发展，未来的数据处理平台将更加强化人工智能的集成，包括机器学习、深度学习等算法的应用，提高对数据的智能理解和挖掘能力。

3. 开放数据标准与互操作性

未来的平台将更加注重开放数据标准，以提高不同平台之间的互操作性。这有助于用户更自由地选择不同供应商的服务，并降低数据迁移的难度。

4. 更强大的可视化与用户体验

可视化是数据处理平台中非常重要的一环，未来的平台将更加注重可视化工具的研发，提供更强大、直观的用户体验，使用户更容易理解和利用数据。

5. 区块链技术应用

为了增强数据的安全性和可信度，未来的平台可能会引入区块链技术，用于数据的去中心化管理、溯源和验证，确保数据的完整性和安全性。

6. 深度定制化服务

未来的数据云端处理与整合平台可能会提供更多深度定制化的服务，满足不同行业和企业的个性化需求，这包括定制化的数据处理流程、算法模型和用户界面。

数据云端处理与整合平台作为云计算技术的一项关键应用，为用户提供了高效、灵活的数据处理和整合服务。通过整合云计算基础设施、大数据处理框架、数据集成工具等关键技术，这种平台在企业、金融、医疗、物联网等多个领域发挥着重要作用。未来，随着边缘计算、人工智能、开放数据标准等技术的发展，数据云端处理与整合平台将进一步提升其处理能力、智能化水平和用户体验，为各行各业的数据处理需求提供更为强大和定制化的解决方案。

第四节　数据挖掘与土木工程测量数据分析

一、数据挖掘基础理论

数据挖掘是从大量数据中发现隐藏模式、关系、趋势的过程，旨在通过对数据的分析和挖掘，揭示其中潜在的信息和知识。数据挖掘技术涵盖了统计学、机器学习、数据库技术等多个领域，它在商业、科学研究、医疗、金融等各个领域都有着广泛应用。本书将深入探讨数据挖掘的基础理论，包括定义、过程、方法以及在实际应用中的重要性。

（一）数据挖掘的定义

数据挖掘，又称为知识发现（Knowledge Discovery in Databases，KDD），是从大规模数据集中提取有用信息的过程。这个过程包括数据的清洗、转换、集成、选择以及模型的训练和评估等步骤。数据挖掘的目标是通过分析数据中的模式，发现对用户有用的、先前未知的知识。

1.数据挖掘的基本任务

数据挖掘的基本任务可以分为以下几类。

分类（Classification）：将数据划分到不同的类别中。例如，将电子邮件划分为垃圾邮件和非垃圾邮件。

回归（Regression）：预测数值型的数据。例如，根据房屋的特征预测其价格。

聚类（Clustering）：将数据集中的对象划分为若干个组，使得组内的对象相似度较高，而组间的相似度较低。例如，根据用户的购物行为将其划分为不同的消费群体。

关联规则挖掘（Association Rule Mining）：发现数据中的关联关系，如购物篮分析，发现哪些商品经常一起购买。

异常检测（Anomaly Detection）：发现与正常行为不同的模式，可能是潜在的问题或异常。例如，检测信用卡交易中的异常行为。

时序模式挖掘（Sequential Pattern Mining）：发现数据中的时间序列模式，如分析用户的网站点击行为的时间序列。

2. 数据挖掘的关键特点

数据挖掘具有以下关键特点。

隐含性：数据挖掘目标是发现隐藏在数据中的模式和知识，这些模式通常不能被直接观察到。

自动性：数据挖掘过程主要是由计算机算法完成，减少了人工的干预。

可扩展性：数据挖掘方法需要能够处理大规模的数据，因为现实世界中的数据通常是海量的。

实时性：部分数据挖掘任务需要对实时数据进行分析，以及时发现新的模式和趋势。

（二）数据挖掘的过程

数据挖掘的过程一般包括以下阶段。

1. 问题定义

在数据挖掘的开始阶段，需要明确定义挖掘任务的目标。这包括确定问题的类型（分类、回归、聚类等）、选择合适的数据集以及确定应用场景。

2. 数据收集

数据挖掘的质量和效果很大程度上取决于所使用的数据。在这一阶段，需要收集与问题相关的数据。数据可以来自数据库、数据仓库、日志文件、传感器等多种来源。

3. 数据清洗

数据清洗是数据挖掘中非常重要的一个步骤。数据清洗的目标是处理数据中的缺失值、异常值、重复值等问题，确保数据的质量。

4. 数据转换

在数据转换阶段，数据被转换成适合进行挖掘的形式。这可能包括归一化、标准化、离散化等操作，以及对数据进行特征选择和降维。

5. 数据挖掘

数据挖掘的核心阶段，采用合适的算法对数据进行模式的发现和建模。不同的任务和目标需要使用不同的数据挖掘方法和算法。

6. 模式评估

在模式评估阶段，通过使用一些评价指标来评估挖掘出的模式的质量和效果，这有助于选择最合适的模型，并对模型进行调优。

7. 知识表示

在这一阶段，挖掘出的知识被以可理解的形式表示出来，以便用户理解和应用，这可能包括规则、树形结构、图形等形式。

8. 知识应用

最后，挖掘出的知识被应用到实际问题中。这可能包括制定决策、进行预测、优化业务流程等。

（三）数据挖掘的方法

数据挖掘方法主要包括两大类：基于统计学的方法和基于机器学习的方法。

1. 基于统计学的方法

基于统计学的方法主要包括描述统计、推断统计和假设检验等技术。这些方法通常用于数据的探索性分析和概括性统计，可以帮助理解数据的分布、关系和变异情况。

描述统计：描述统计是通过对数据进行汇总和可视化，从而提供对数据特征的概括性信息。包括均值、中位数、标准差、频率分布等统计指标。

推断统计：推断统计是基于从样本中获得的信息，对总体特征进行推断的一种方法。通过对样本进行分析，推断总体的统计性质，如置信区间、假设检验等。

假设检验：假设检验用于验证关于总体的某种假设是否成立。通过对样本数据进行分析，统计学家可以得出对总体的某种假设的结论，如均值是否等于某个特定值等。

2. 基于机器学习的方法

机器学习是数据挖掘中应用广泛的方法，它通过训练模型从数据中学习规律，并用于预测、分类、聚类等任务。常见的机器学习方法包括监督学习、无监督学习和强化学习。

监督学习（Supervised Learning）：在监督学习中，模型从标记有类别信息的训练数据中学习，然后用于对新数据的分类或预测。常见的监督学习算法包括决策树、支持向量机、神经网络等。

无监督学习（Unsupervised Learning）：无监督学习不使用标记的训练数据，而是通过发现数据中的模式和结构来进行学习。聚类和降维是无监督学习的两个主要任务，常见的算法有 K 均值聚类、主成分分析（PCA）等。

强化学习（Reinforcement Learning）：强化学习是一种通过观察环境来学习制定行动策略的方法。智能体根据其行动的反馈结果来调整策略，以最大化获得的奖励。强化学习在游戏、自动驾驶等领域有广泛应用。

（四）数据挖掘的重要性

数据挖掘在各行各业中都有着重要的应用和价值，具体体现在以下几个方面。

1. 发现潜在趋势和模式

通过数据挖掘技术，可以从大规模数据中发现潜在的趋势和模式。这有助于组织更好地理解业务运作、市场变化、用户行为等方面的信息，为未来的决策提供参考。

2. 预测未来事件

数据挖掘模型可以通过学习历史数据中的规律，对未来事件进行预测。例如，在金融领域中，可以使用数据挖掘来预测股市走势；在医疗领域，可以通过挖掘患者的历史数据来预测疾病的发展趋势。

3. 改善决策过程

通过对数据的深入分析，数据挖掘可以为组织提供更多的信息和见解，有助于进行更明智的决策。这在企业管理、政府决策等方面都具有重要作用。

4. 优化业务流程

数据挖掘可以揭示业务流程中的潜在问题和瓶颈，帮助组织进行流程优化。通过减少浪费、提高效率，组织可以更好地满足市场需求。

5. 客户关系管理

在市场营销和客户服务方面，数据挖掘可以帮助企业更好地了解客户需求、行为和喜好，从而个性化推荐产品、提高客户满意度。

数据挖掘作为从大规模数据中提取知识的重要手段，已经在各个领域发挥了重要作用。通过对数据挖掘的基础理论、过程、方法以及重要性的深入探讨，我们可以更好地理解数据挖掘的本质和应用价值。

然而，数据挖掘仍然面临着一些挑战，如大规模数据处理、隐私保护、模型解释性等。未来，随着技术的不断进步和需求的不断演变，数据挖掘将继续发展，引领着数据驱动决策和创新的潮流。在应对挑战的同时，关注模型的公平性、可解释性，注重伦理和社会责任，将使数据挖掘更好地为人类社会做出积极贡献。

二、数据挖掘在土木工程中的应用

随着社会的不断发展和科技的不断进步，土木工程领域面临着越来越复杂的挑战和庞大的数据量。为了更好地理解、分析和优化土木工程项目，数据挖掘技术逐渐成为一种强大的工具。本书将深入探讨数据挖掘在土木工程中的应用，包括但不限于项目管理、结构健康监测、工程质量控制等方面。

（一）项目管理与优化

1. 项目计划优化

在土木工程项目中，合理的项目计划对于项目的成功至关重要。数据挖掘技术可以通过分析历史项目数据，识别出影响项目进展的关键因素，为制订更为科学、合理的项目计划提供支持。例如，可以通过挖掘过往项目的执行数据，找出导致工期延误的主要原因，从而在新项目中避免相似的问题。

2. 成本估算与控制

土木工程项目的成本估算和控制是项目管理的重要环节。数据挖掘可以通过分析历史项目的成本数据，建立成本估算模型，考虑各种因素的影响，从而更准确地预测项目的成本。同时，通过实时监测项目进展和成本情况，数据挖掘还可以提供及时的成本控制建议。

3. 风险管理

土木工程项目常常伴随着各种风险，包括自然灾害、供应链问题、人力资源变动等。数据挖掘可以通过分析大量的历史项目数据和外部环境数据，识别潜在的风险因素，并为项目管理者提供预警和决策支持。这有助于在项目初期就制定相应的风险管理策略，降低不确定性对项目的影响。

（二）结构健康监测与维护

1. 传感器数据分析

在现代土木工程中，大量的传感器用于监测结构的健康状态，包括温度、应力、振动等数据。数据挖掘技术可以对这些传感器数据进行实时分析，识别结构的异常行为或潜在问题。通过建立模型，可以预测结构的寿命，提前发现潜在的结构问题，从而进行及时维护。

2. 结构损伤诊断

利用数据挖掘技术，可以分析结构振动、声波等信号，识别结构中可能存在的损伤。通过比对正常状态和异常状态下的数据模式，数据挖掘模型能够自动发现结构损伤的位置和程度。这有助于提高结构健康监测的精度和效率，减少人为巡检的工作量。

3. 维护决策支持

基于结构健康监测的数据，数据挖掘还可以为维护决策提供支持。通过分析结构的历史健康数据和维护记录，可以制订更科学的维护计划，避免不必要的维护费用，并延长结构的使用寿命。

（三）工程质量控制

1. 材料质量分析

土木工程中使用的材料质量直接关系到工程的安全性和持久性。数据挖掘技术可以通过分析材料供应商的质量数据，识别出质量波动的趋势，帮助工程团队选择可靠的供应商。同时，对材料质检数据的分析也可以帮助预测潜在的质量问题，提前采取措施。

2. 施工质量监测

在土木工程的施工阶段，数据挖掘可应用于监测施工质量。通过分析施工过程中的监测数据、现场照片等信息，可以识别施工中可能存在的质量问题。这种实时的监测有助于在问题发生之前及时采取纠正措施，提高工程质量。

3. 质量问题溯源

当出现工程质量问题时，数据挖掘可以帮助溯源问题的根本原因。通过分析相关数据，追踪工程质量问题的发生、传播和影响，有助于找到出现问题的根本原因，并避免类似问题的再次发生。

（四）环境影响评估

1. 资源利用优化

数据挖掘技术可以分析土木工程项目中的资源利用情况，包括能源、水资源、原材料等。通过挖掘历史项目的数据，优化资源使用方案，提高资源利用效率，降低环境影响。

2. 环境风险预测

在土木工程项目规划和实施阶段，数据挖掘可以用于环境风险的预测和评估。通过分析项目所在区域的环境数据、气象数据等，可以预测可能发生的自然灾害，如洪水、地震等。这有助于在工程规划中采取相应的防范和减灾措施，降低环境风险对工程的影响。

3. 环境影响评估

土木工程项目在规划和设计阶段需要进行环境影响评估，以确保项目的可持续性和环保性。数据挖掘技术可以用于分析项目对周边环境的潜在影响，包括土壤、水质、空气质量等方面。通过模拟不同方案的影响，项目团队可以选择最佳的方案，最大限度地降低对环境的负面影响。

尽管数据挖掘在土木工程中的应用取得了显著成就，但仍面临一些挑战。首先，土木工程领域的数据通常是多模态、异构且复杂的，如何有效地整合和分析这些数据是一个难题。其次，数据隐私和安全性问题仍然是一个持续关注的焦点。在未来的发展中，需要加强对数据隐私和安全性的研究，制定更为完善的保护机制。

三、预测模型与趋势分析

在不断变化的社会和经济环境中，预测未来趋势对于做出科学决策和规划具有重要意义。预测模型和趋势分析是一组强大的工具，它们通过对过去数据的学习和对当前趋势的分析，为未来的发展提供可靠的参考。本书将深入探讨预测模型和趋势分析的基本原理、常用方法以及在不同领域的应用。

（一）预测模型的基本原理

1. 预测模型的定义

预测模型是建立在历史数据和现有趋势基础上的数学模型，通过对数据的分析和建模，预测未来的发展趋势。预测模型的核心思想是过去的数据和趋势对未来具有一定的指导意义，因此通过建立模型，可以对未来的情况进行推测和预测。

2. 预测模型的基本原理

预测模型的基本原理涉及统计学、数学建模和概率论等多个领域。其核心思想包括以下几个方面。

（1）数据收集与整理

预测模型的建立首先需要大量的历史数据。这些数据可能涵盖各个领域，包括经济、环境、社会等。在数据收集的过程中，需要注意数据的质量、完整性和准确性，确保建模过程的可靠性。

（2）特征选择与变量关系

在建立预测模型时，需要选择对预测目标有显著影响的特征和变量。通过对数据进行特征选择和变量关系分析，可以确定模型中的关键因素，减少模型的复杂性，提高预测的准确性。

（3）模型选择与建立

选择合适的模型是预测的关键一步。不同类型的问题可能需要不同类型的模型，如线性回归、决策树、神经网络等。建立模型的过程中需要考虑模型的拟合度、泛化能力以及对异常值的鲁棒性。

（4）参数估计与模型验证

模型的参数估计是通过训练数据来确定模型中的各个参数，使得模型能够更好地拟合历史数据。在建立模型后，需要通过验证集或测试集来评估模型的性能，确保模型能够泛化到未来的数据中。

3. 常用的预测模型

（1）线性回归模型

线性回归是一种基本的预测模型，通过线性关系描述自变量和因变量之间的关系。线性回归模型的优点在于简单易懂，但它对数据的拟合能力有一定的限制，适用于数据呈现线性关系的情况。

（2）决策树模型

决策树是一种树状模型，通过对数据进行递归划分，建立起一系列的决策规则。决策树模型适用于非线性关系的问题，能够处理复杂的数据结构，具有较好的可解释性。

（3）时间序列模型

时间序列模型适用于具有时间依赖性的数据，如股票价格、气象数据等。常见的时间序列模型包括 ARIMA 模型（自回归移动平均模型）、指数平滑模型等，它们能够捕捉数据随时间变化的趋势和周期性。

（4）神经网络模型

神经网络是一种基于生物神经系统的模型，通过多层神经元进行学习和拟合。深度学习中的神经网络模型，如多层感知机（MLP）和卷积神经网络（CNN），在处理大规模数据和复杂问题方面表现出色。

（二）趋势分析的基本原理

1. 趋势分析的定义

趋势分析是通过对数据序列的观察和研究，识别出数据中的规律性变化趋势。趋势分析的目的是了解数据的发展方向和变动规律，为未来的决策提供指导。

2. 趋势分析的基本原理

（1）数据观察与描述统计

趋势分析的第一步是对数据进行观察和描述统计。通过绘制趋势图、直方图、箱线图等，可以直观地了解数据的整体分布和走势。

（2）平滑技术

为了更清晰地观察数据的趋势，常常需要对数据进行平滑处理。常用的平滑技术包括移动平均法、指数平滑法等，它们能够剔除数据中的噪声，凸显数据的整体趋势。

（3）趋势线拟合

趋势线拟合是趋势分析的关键步骤之一。通过拟合趋势线，可以更准确地描述数据的变化趋势。常用的趋势线包括线性趋势线、多项式趋势线、指数趋势线等，选择合适的趋势线形式取决于数据的特性。

（4）趋势检验

趋势检验是判断趋势线拟合结果是否显著的过程。常用的趋势检验方法包括残差分析、假设检验等，通过检验趋势线的拟合程度，判断趋势是否具有统计学上的显著性。

3. 常用的趋势分析方法

（1）线性趋势分析

线性趋势分析是通过拟合一条直线来描述数据的变化趋势。线性趋势适用于数据呈现线性增长或减少的情况，通过斜率的正负判断趋势的方向。

（2）非线性趋势分析

非线性趋势分析适用于数据呈现曲线变化的情况。常见的非线性趋势包括指数趋势、对数趋势、多项式趋势等，通过拟合曲线更好地反映数据的变化规律。

（3）季节性趋势分析

季节性趋势分析主要用于分析数据中存在的季节性波动。通过将数据按季度、月份等时间周期进行分组，分析不同季节的变化规律，更好地理解季节性趋势。

（三）预测模型与趋势分析在不同领域的应用

1. 经济预测与趋势分析

（1）GDP 预测

经济领域常常利用预测模型和趋势分析来预测国家或地区的 GDP 发展趋势。通过分析历史 GDP 数据，建立经济模型，预测未来经济增长的可能方向，为政府制定经济政策提供参考。

（2）通货膨胀预测

通货膨胀是经济中一个重要的指标，对于企业和个人的决策具有重要影响。利用预测模型和趋势分析，可以预测通货膨胀的发展趋势，帮助企业和个人更好地调整资产配置和投资策略。

2. 环境科学与气象预测

（1）气象预测

气象预测是应用预测模型和趋势分析的典型领域之一。通过分析大气压力、温度、湿度等数据，建立气象模型，预测未来的天气变化，为农业、交通等领域提供重要信息。

（2）气候趋势分析

气候趋势分析通过长期的气象数据，分析气候的长期变化趋势，这有助于科学家理解气候的演变规律，为制定应对气候变化的政策提供科学依据。

3. 市场营销与消费趋势

（1）消费趋势分析

市场营销领域经常使用预测模型和趋势分析来了解消费者的购买行为和消费趋势。通过分析销售数据、市场调研结果等，企业可以预测产品的需求情况，制定更有效的营销策略。

（2）市场份额预测

企业在竞争激烈的市场中，需要不断关注市场份额的变化。预测模型可以通过分析市场数据，预测不同产品或品牌的市场份额，为企业调整产品定位和市场策略提供指导。

4. 医学与健康预测

（1）疾病发病率预测

在医学领域，预测模型和趋势分析可用于疾病发病率的预测。通过分析流行病学数据、环境因素等，可以预测特定疾病在未来的传播趋势，为公共卫生工作提供科学依据。

（2）个体健康趋势分析

对于个体健康管理，预测模型和趋势分析可以通过监测生理指标、运动习惯、饮食记录等，预测个体的健康趋势，帮助人们调整生活方式，预防慢性病的发生。

预测模型和趋势分析作为数据科学领域的核心方法，在各个领域都发挥着重要作用。通过对历史数据的分析和对当前趋势的把握，这些方法能够为未来提供有力的参考。然而，面对不断变化的环境和挑战，预测模型与趋势分析仍需不断创新和改进，以更好地应对现实问题。

在未来发展中，我们可以期待更为先进、灵活的模型和分析方法的涌现，更加深入的跨学科合作，以及对数据隐私和伦理问题的更严格关注。这样，预测模型和趋势分析将更好地为人类社会的可持续发展和决策提供支持。

第四章 土木工程监测与安全评估

第一节 结构变形监测与分析

一、结构变形监测方法

在建筑和土木工程领域，结构的稳定性和安全性至关重要。结构变形监测是一种通过实时或定期监测结构体的形状、变形和位移，以及分析这些数据以评估结构健康状态的技术手段。这种监测对于确保结构安全、预防潜在问题和提高结构寿命具有重要意义。本书将详细探讨结构变形监测的方法，包括传统的测量方法和现代的基于传感器和数字技术的方法。

（一）传统结构变形监测方法

1. 水准测量法

水准测量法是一种基于水平仪或水准仪的传统结构变形监测方法。该方法通过在建筑物不同位置放置水准仪，然后测量水平线的变化，来检测结构的倾斜和沉降。然而，水准测量法需要人工操作，且数据获取周期较长，不适用于对结构进行实时监测。

2. 光学测量法

光学测量法包括经典的全站仪和经纬仪等设备，通过测量光束在建筑物表面的反射来获取结构的形变信息。这些设备通常需要专业人员进行操作，测量精度较高。然而，光学测量法的缺点是需要直接可见的目标，且受到天气和光照等因素的限制。

3. 精密水准测量法

精密水准测量法是对传统水准测量法的一种改进，通过使用高精度的水准仪和电子测距仪等设备，提高了测量的精度和效率。然而，仍然存在操作复杂、周期较长和受天气等限制的问题。

（二）基于传感器的现代结构变形监测方法

1.加速度计和倾角计

加速度计和倾角计是常用的传感器，可以通过安装在结构上来测量结构的振动和倾斜。这些传感器可以实现高频率的数据采集，用于监测结构的动态响应和自然频率，对于抗震和风振设计具有重要意义。

2.应变计

应变计是一种广泛应用于结构监测的传感器，通过测量结构中的应变来获取结构的形变信息。应变计种类繁多，包括电阻式应变计、光纤传感应变计等。电阻式应变计通过测量电阻值的变化来获取应变信息，而光纤传感应变计则利用光纤的光学特性实现高精度的测量。

3.GPS 技术

全球定位系统（GPS）技术已经应用于结构变形监测领域。通过在结构体上放置GPS 接收器，可以实时获取结构的三维位移信息。GPS 技术适用于大范围的结构监测，但其精度受到建筑物遮挡和多路径效应的影响。

4.振动传感器

振动传感器用于测量结构的振动情况，可以帮助分析结构的动态性能。这些传感器可用于监测风振、地震和交通引起的振动，以评估结构的稳定性和安全性。

（三）数字技术在结构变形监测中的应用

1.云计算

云计算技术可以用于存储和处理大量的监测数据。结构变形监测系统可以将数据上传至云端，进行实时分析和长期存储。这样的架构提高了数据的可访问性和安全性，并支持多地点协同监测。

2.物联网（IoT）

物联网技术可以实现各种传感器和设备的互联互通，使得监测系统更加智能和自适应。通过 IoT，结构变形监测系统可以实现实时数据传输、远程控制和智能报警功能，提高了监测系统的整体性能。

3.数据可视化

数据可视化工具可以将结构监测的海量数据以图形、图表或动画的形式呈现。这有助于工程师更直观地理解结构的变形状况，及时发现异常情况，支持决策制定和问题解决。

结构变形监测方法的发展经历了从传统的水准测量和光学测量到现代的传感器技术和数字技术的转变。随着科技的不断进步，未来的结构变形监测系统将更加智能、高效、精准。传感器技术的创新、云计算和物联网的广泛应用，以及人工智能在数据分析中的发展，都将推动结构变形监测领域朝着更全面、更精细的方向发展。这将对建筑和土木工程领域的结构设计、施工和维护提出更高要求，同时也将确保结构的安全性、稳定性和可持续性。

二、监测数据分析与结构健康评估

在建筑和土木工程中，结构的健康状态是确保其安全运行的关键因素。监测数据分析与结构健康评估是一种关键的技术手段，通过实时或定期收集的大量数据，对结构的各种性能进行深入分析，从而评估结构的健康状况。本书将深入研究监测数据分析与结构健康评估的方法、工具以及其在建筑和土木工程领域中的重要性。

（一）监测数据的获取与处理

1. 传感器技术

传感器技术在结构监测中扮演着关键角色。各种类型的传感器，如应变计、加速度计、倾角计等，能够实时获取结构的变形、振动等信息。这些传感器可以分布在结构的不同位置，形成一个全面的监测网络。

2. 数据采集系统

为了有效获取传感器产生的数据，需要建立相应的数据采集系统。这些系统通常包括数据采集器、传输设备和存储设备。先进的数据采集系统能够实现自动化数据收集、实时传输和长期存储，以确保监测数据的全面性和可用性。

3. 无线传感网络

近年来，无线传感网络技术的发展为监测数据的获取提供了更灵活的解决方案。无线传感器节点可以实现分布式部署，克服传统布线的不便，同时降低了监测系统的成本和维护难度。

（二）监测数据分析方法

1. 时域分析

时域分析是对监测数据进行时间序列分析的方法。通过监测结构在不同时间点的变形、振动等数据，可以得到结构的动态特性。时域分析通常包括统计量、趋势分析、周期性分析等，用于揭示结构的动态响应和性能。

2. 频域分析

频域分析是将监测数据转化为频域上的信号分布。这种分析方法可以帮助工程师了解结构的共振频率、频率响应等信息，对于评估结构的稳定性和抗震性能具有重要作用。

3. 模型识别与参数辨识

通过使用数学模型，可以对监测数据进行模型识别与参数辨识。这种方法涉及将监测数据与结构的理论模型相匹配，以确定结构的物理参数。模型识别有助于了解结构的动力学行为和损伤特征。

4. 模式识别与机器学习

模式识别与机器学习方法通过对大量监测数据进行训练，使计算机能够识别结构的正常运行状态和异常情况。这种方法能够自动发现数据中的模式，识别可能存在的问题，并提供及时的预警。

（三）结构健康评估方法

1. 基于监测数据的健康指标

监测数据的分析可以产生各种健康指标，如位移、应变、振动幅值等。这些指标可用于评估结构的健康状况，确定结构是否存在异常行为。

2. 有限元模拟与结构分析

有限元模拟是一种常用的结构健康评估方法。通过将结构建模为有限元模型，并与实际监测数据进行比较，可以评估结构的强度、刚度、自振频率等参数，从而反映结构的健康状况。

3. 损伤检测与评估

监测数据的分析可以用于损伤检测与评估。损伤通常表现为结构的异常变形、振动频率的改变等。通过对监测数据进行差异化分析，可以定位并评估结构的损伤程度。

4. 整体健康指数

综合考虑多个监测参数，可以建立整体健康指数来评估结构的健康状况。整体健康指数能够更全面、客观地反映结构的运行状态，为维护决策提供依据。

（四）监测数据分析与结构健康评估的应用领域

1. 建筑物

在建筑物中，监测数据分析与结构健康评估广泛应用于高层建筑、桥梁、大跨度建筑等。通过对结构的实时监测和健康评估，可以确保建筑物的安全性、稳定性和可持续性。

2. 桥梁与隧道

桥梁和隧道是土木工程中的关键结构，对其健康状态的监测至关重要。监测数据分析可以帮助工程师了解桥梁和隧道的结构性能、预测潜在问题，并制定及时的维护计划。这对于确保交通基础设施的安全运行和延长使用寿命至关重要。

3. 风电场

在风电场中，风力发电机组所处的环境条件和运行负载对结构提出了严格的要求。通过对风力塔架和叶片等部件的监测数据分析，可以实时评估风电场的运行状态，提高风电设备的可靠性和性能。

4. 工业设施

工业设施如石化厂、化工厂等，通常由大量设备和管道构成。结构的健康状况直接关系到生产安全和设备寿命。通过监测数据的分析，可以及时发现潜在的结构问题，降低事故风险，提高工业设施的可靠性。

监测数据分析与结构健康评估作为土木工程和建筑领域中的关键技术，通过实时或定期获取大量的监测数据，为结构的安全性、稳定性和可持续性提供了科学的评估手段。从传感器技术到数据采集系统，再到各种分析方法，监测数据分析与结构健康评估的发展已经取得了显著成就。

然而，在不断发展过程中，仍然面临着数据处理与分析的复杂性、多源数据的融合、健康评估标准的制定等挑战。未来，随着人工智能、物联网和云计算等技术的广泛应用，监测数据分析与结构健康评估将呈现出更为智能、自适应、综合性的发展趋势，为建筑和土木工程领域的结构管理提供更为可靠和高效的解决方案。

三、长期变形趋势分析与风险预测

在建筑和土木工程领域，结构长期的变形趋势对于评估结构的稳定性、预测可能的风险以及制订维护计划至关重要。长期变形趋势分析与风险预测是结构监测的关键组成部分，通过对长时间范围内的监测数据进行深入分析，能够帮助工程师更好地理解结构的性能、识别潜在问题，并采取相应的措施。本书将详细探讨长期变形趋势分析与风险预测的方法、工具以及其在建筑和土木工程中的重要性。

（一）长期变形趋势分析方法

1. 时间序列分析

时间序列分析是一种通过对监测数据按时间进行排列，然后应用统计方法进行分析的技术。通过时间序列分析，工程师可以识别出长期的变形趋势，找到数据中的周期性变化，并进一步进行趋势的拟合和预测。

2. 移动平均法

移动平均法是一种平滑时间序列的方法，它通过计算一定时间范围内的数据均值来减少数据的波动。对于长期监测数据，移动平均法有助于提取出长期的趋势，使得工程师能够更容易地观察到结构变形的整体趋势。

3. 回归分析

回归分析通过建立变量之间的数学关系，来描述监测数据的变化规律。对于长期监测数据，可以使用回归分析来找出影响结构变形的主要因素，并建立预测模型，以便进行长期趋势预测。

4.非线性分析

对于一些非线性结构或者存在非线性行为的结构，采用非线性分析方法对长期变形进行分析是更为合适的选择。非线性分析可以更准确地描述结构在长期内的行为，包括非线性的材料性质、几何非线性等因素。

（二）风险预测方法

1.损伤识别与评估

损伤识别与评估是风险预测的一项重要任务。通过监测数据的长期变形趋势，可以识别结构中的潜在损伤，评估损伤程度，并推断可能的损伤原因。

2.模型分析与仿真

利用数学模型对结构进行分析和仿真，可以帮助工程师理解结构的运行机制，预测可能的问题，并评估潜在的风险。模型分析与仿真方法通常需要结合监测数据，以验证和修正模型的准确性。

3.统计学方法

统计学方法可以通过对监测数据的统计分析，揭示结构长期变形的概率分布、变异性等特征。这有助于工程师评估结构的稳定性，并在一定置信水平下进行风险预测。

4.高级计算方法

近年来，随着计算能力的提升，高级计算方法如人工智能和机器学习等在风险预测中得到了广泛应用。这些方法能够处理大量复杂的监测数据，发现数据中的模式，为风险的预测提供了更准确的支持。

（三）长期变形趋势分析与风险预测在工程中的应用

1.建筑物

对于高层建筑、大跨度建筑等，长期变形趋势分析与风险预测是确保建筑结构安全性的重要手段。通过分析结构的长期变形趋势，可以预测结构可能的问题，制订维护计划，确保建筑物的稳定运行。

2.土木工程

在桥梁、隧道等土木工程项目中，长期变形趋势的分析对于评估结构的耐久性和安全性至关重要。通过对监测数据的分析，工程师可以预测结构可能发生的变形，并采取相应的维护和修复措施。

3.风电场

风力发电机组所处的恶劣环境和高负载条件对结构的长期稳定性提出了挑战。通过对风电场结构的监测数据进行长期变形趋势分析与风险预测，能够帮助确保风电设备的安全运行和提高其可靠性。

4. 基础设施

城市基础设施如管道、隧道、污水处理厂等的长期稳定性直接关系到城市的正常运行。长期变形趋势分析与风险预测可以帮助城市管理者及时发现问题，采取措施保障基础设施的可靠性和安全性。

长期变形趋势分析与风险预测在建筑和土木工程领域中扮演着至关重要的角色。通过对结构长时间范围内的监测数据进行深入分析，工程师可以更好地理解结构的性能、预测潜在问题，并采取预防和维护措施。然而，面临的挑战包括复杂多变的环境因素、数据质量与准确性、多源数据融合等问题。

未来的发展趋势将侧重于传感器技术的创新、物联网技术的应用、数据融合与人工智能的发展，以及多学科交叉应用的推动。这将进一步提高长期变形趋势分析与风险预测的水平，为建筑和土木工程领域提供更为可靠、智能化的解决方案，确保结构的安全性和可持续性。在未来发展中，工程师和研究者们将继续努力克服挑战，推动这一领域取得更大的进步。

第二节　土体沉降监测技术

一、土体沉降监测原理

土体沉降是指土壤在一定时间内发生的垂直位移，通常是由于土体的压实、排水或其他因素引起的。土体沉降监测是土木工程和建筑工程中至关重要的一项任务，它为工程项目提供了对土壤行为和基础性能的深入了解。本书将深入探讨土体沉降监测的原理，包括监测方法、监测仪器、数据分析以及在工程实践中的应用。

（一）土体沉降的定义和影响因素

1. 土体沉降的定义

土体沉降是指土壤因受力而发生垂直方向的压缩变形，导致地表下降的现象。它是土壤力学和地基工程中一个重要的参数，直接影响着基础工程的安全性和稳定性。

2. 影响土体沉降的因素

土体沉降受到多种因素的影响，主要包括：

土体性质：不同类型的土壤具有不同的力学性质，如黏性、密实度等，这直接影响土体的沉降特性。

水分含量：土体中的水分含量是一个关键的因素，水分的增加会导致土体的体积膨胀，而水分的减少则可能引起土体的沉降。

土层结构：土体的分层结构也会影响沉降，不同层次的土层在受力下会有不同的沉降速率。

外部载荷：建筑物、交通荷载等外部作用力会引起土体的应力变化，从而影响土体沉降。

（二）土体沉降监测的方法

1. 直接测量法

直接测量法是通过在土体表面设置测点，通过测量测点的高程变化来判断土体沉降的方法。主要包括：

水准测量法：通过水准仪测量不同时间内基准点的高程变化，来获得土体沉降的信息。

全站仪测量法：利用全站仪对特定点进行测量，通过多次测量的比较，判断土体沉降的情况。

激光测距法：使用激光测距仪对不同地点进行测距，通过多点测量的比较，获得土体沉降的数据。

2. 感应法

感应法是通过感应土体沉降引起的建筑物或结构的变形来监测土体沉降。主要包括：

建筑物变形监测：通过在建筑物或结构上设置变形监测仪器，监测建筑物的倾斜、沉降等变形情况。

卫星遥感技术：利用卫星遥感技术观测地表的微小形变，通过监测建筑物或地表的位移来判断土体沉降。

3. 数学建模与模拟法

数学建模与模拟法是通过建立土体力学模型，模拟不同条件下土体沉降的过程。主要包括：

有限元分析：利用有限元方法建立土体模型，通过数值计算得到不同位置土体的沉降情况。

数学模型：建立基于土壤力学和物理学原理的数学模型，通过模型求解得到土体沉降的理论值。

（三）监测仪器与设备

1. 水准仪

水准仪是直接测量法中常用的仪器，它通过测量测点的高程变化，判断土体的沉降情况。水准仪的精度和稳定性对监测结果的准确性起着关键作用。

2. 全站仪

全站仪是一种光学仪器，通过测量仪器与目标点之间的水平角和垂直角，进而计算出目标点的三维坐标。全站仪在直接测量法中具有高精度和高效率的优势。

3. 变形监测仪

变形监测仪器通常包括倾斜仪、水平仪等，通过监测建筑物或结构的倾斜和变形情况，判断土体沉降的影响。

4. 卫星遥感设备

卫星遥感设备包括卫星测高仪、雷达测高仪等，通过观测地表的微小变形，获得土体沉降数据。

（四）数据分析与解读

土体沉降监测得到的数据需要经过一系列的分析与解读，以得出有关土体沉降行为的结论。数据分析的主要内容包括：

数据处理与清洗：首先，监测得到的原始数据需要进行处理与清洗，去除可能的噪声和异常值，确保数据的准确性和可靠性。

趋势分析：通过对时间序列数据进行趋势分析，可以识别土体沉降的长期变化趋势。趋势分析有助于确定土体的稳定性，并预测未来的沉降趋势。

差异分析：对比不同时间点或不同测点的监测数据，进行差异分析，可以发现土体沉降的空间分布特征，识别可能存在的问题区域。

模型拟合与预测：利用统计学方法或有限元模型等数学工具，对土体沉降数据进行拟合和预测。这有助于了解土体沉降的机理，并预测未来可能的沉降趋势。

综合分析与结论：在数据分析的基础上，进行综合分析，结合工程背景和相关环境因素，提出关于土体沉降原因、趋势以及可能的风险的综合结论。

（五）土体沉降监测在工程实践中的应用

1. 基础工程

在基础工程中，土体沉降监测是确保建筑物或桥梁基础稳定性的重要手段。通过监测土体沉降，工程师可以及时发现基础沉降问题，采取相应的补救措施，确保基础结构的安全性。

2. 地铁隧道工程

地铁隧道穿越不同地质层，土体沉降监测对于隧道工程的成功施工和运营至关重要。通过对隧道周边土体沉降的监测，可以及时调整施工计划，减小沉降对地上建筑物的影响。

3. 桥梁工程

桥梁的安全性与土体沉降密切相关。通过对桥梁基础和桥墩周围土体沉降的监测，可以预测桥梁可能的变形，及时进行维修和加固工作，确保桥梁的正常运行。

4. 城市基础设施

在城市基础设施建设中，如管道、污水处理厂等，土体沉降监测对于设施的长期稳定性和正常运行至关重要。通过监测土体沉降，可以及时发现问题，制订维护计划，确保基础设施的可靠性。

土体沉降监测作为土木工程和建筑工程中的关键环节，为确保工程结构稳定性和安全性提供了重要的技术手段。通过不同监测方法和仪器的选择，结合数据分析和解读，工程师能够全面了解土体的沉降行为，并在工程实践中及时采取措施，确保工程的可靠性。

然而，土体沉降监测仍然面临着一系列挑战，包括复杂的地质条件、监测数据处理的难度、环境因素的干扰等。未来的发展趋势将更加注重智能监测技术的应用、多模态监测系统的建设、高精度监测仪器的发展等方面，以提高监测的效率和准确性。

通过不断的技术创新和研究进展，土体沉降监测将更好地服务工程实践，为建筑和土木工程领域的可持续发展提供更可靠的支持。在未来发展中，工程师和研究者们将继续努力克服挑战，推动土体沉降监测技术取得新的突破。

二、沉降监测数据分析与解释

沉降监测是土木工程和建筑工程中的重要环节，通过对土体沉降数据的分析与解释，工程师能够深入了解工程结构的稳定性和土体行为。本书将探讨沉降监测数据的分析方法、常见数据解释技术以及在工程实践中的应用，以帮助工程师更好地理解和应对土体沉降问题。

（一）沉降监测数据的分析方法

1. 时间序列分析

时间序列分析是沉降监测数据分析的基础，通过对监测数据按时间顺序进行排列，分析其变化趋势。常见的时间序列分析方法包括：

趋势分析：识别沉降数据中的长期趋势，判断土体是否存在逐渐沉降或抬升的趋势。

季节性分析：检测数据中是否存在季节性的周期性变化，特别是在特定季节或天气条件下是否会出现沉降的增加。

周期性分析：通过傅立叶变换等方法，分析数据中是否存在较短周期的振荡变化，这有助于发现潜在的周期性因素。

2.空间分布分析

沉降监测通常涉及多个监测点，因此需要进行空间分布分析，了解不同位置的沉降情况。方法包括：

等值线图：利用等值线图展示不同监测点的沉降值，直观显示出沉降的空间分布情况。

空间插值：使用插值方法，如克里金插值等，推算未监测点的沉降值，以获取更为连续的沉降分布图。

3.统计学方法

统计学方法在沉降监测数据的分析中具有重要作用，通过统计学手段，可以得到数据的概率分布、变异系数等信息。常见的统计学方法包括：

均值、中位数和众数分析：对监测数据的集中趋势进行分析，了解沉降数据的整体水平。

标准差和方差分析：通过分析数据的离散程度，了解不同监测点之间的差异性，判断监测数据的稳定性。

概率分布分析：利用统计学中的概率分布函数，如正态分布、指数分布等，描述沉降数据的概率特征。

（二）沉降监测数据的解释技术

1.影响因素分析

沉降监测数据的解释需要考虑多种影响因素，包括：

土壤性质：不同土体的性质对沉降行为有重要影响，包括土壤的压实性、水分含量等。

地下水位：地下水位的变化会对土体的压实状态和沉降行为产生影响。

外部载荷：如建筑物、交通荷载等外部载荷对土体沉降产生直接影响。

2.沉降机理分析

理解土体沉降的机理对于数据的正确解释至关重要，常见的沉降机理包括：

压实沉降：由于土体受到外部压力，颗粒重新排列，导致土体沉降。

固结沉降：土体中孔隙水被挤压出去，颗粒重新排列，导致土体沉降。

膨胀沉降：土体中的某些矿物在潮湿条件下吸水膨胀，随后在干燥条件下失水导致沉降。

3.长期与短期沉降分析

将沉降数据分为长期沉降和短期沉降进行分析有助于更全面地理解土体行为。长期沉降通常与土体固结、压实有关，而短期沉降可能与季节性水分变化等因素相关。

4. 变形模型与仿真

建立合适的土体变形模型，并通过数值仿真得到的结果与实测数据进行对比，有助于验证模型的准确性，进而更好地解释监测数据。

（三）沉降监测数据在工程实践中的应用

1. 基础工程

沉降监测数据在基础工程中的应用广泛，通过监测基础沉降情况，工程师可以及时评估基础的稳定性，确保建筑物或结构的安全性。

2. 地铁隧道工程

在地铁隧道工程中，沉降监测数据用于评估隧道对周围土体的影响，以及调整工程计划，确保隧道施工对周边建筑物和地下设施的影响在可控范围内。

3. 桥梁工程

在桥梁工程中，沉降监测数据用于监测桥梁基础和桥墩周围土体的沉降情况。通过及时发现和解决沉降问题，可以维护桥梁的稳定性，确保桥梁安全通行。

4. 城市基础设施

城市基础设施建设中，如管道、污水处理厂等，沉降监测数据可用于评估设施的长期稳定性和正常运行情况。通过及时发现潜在问题，可以制订合理的维护计划，确保基础设施的可靠性。

沉降监测数据的分析与解释是土木工程和建筑工程中至关重要的环节。通过时间序列分析、空间分布分析、统计学方法等手段，工程师可以更全面地了解土体的沉降行为，从而及时采取措施确保工程的安全性。

然而，在面对复杂的地质条件、监测误差和多因素耦合效应等挑战时，需要不断创新监测技术，提高数据质量和解释的准确性。未来的发展趋势将更加注重智能监测技术、多模态监测系统、机器学习与人工智能的应用，以及高精度监测仪器的发展，从而为沉降监测提供更为可靠、智能化的解决方案。在工程实践中，工程师需要充分利用现代技术手段，将监测数据的分析与解释融入工程决策的全过程，确保工程的可靠性和安全性。

三、土体稳定性评估与处理方法

土体稳定性评估是土木工程和地质工程中至关重要的一项任务，涉及对土体抗力、变形特性、水分含量等多个方面的综合考量。本书将深入探讨土体稳定性的评估方法以及在不同条件下的处理方法，以帮助工程师更好地理解土体稳定性问题并采取相应的应对措施。

（一）土体稳定性评估的基本概念

1. 土体稳定性的定义

土体稳定性是指土体在外部载荷作用下，保持其结构完整性和抗力平衡的能力。土体稳定性评估旨在确定土体在不同条件下是否会发生变形、滑动、流失等不稳定现象，从而为工程设计和施工提供基础。

2. 影响土体稳定性的因素

土体性质：不同类型的土体具有不同的物理性质和力学特性，如颗粒大小、黏性、孔隙度等。

水分含量：水分含量对土体的黏聚力和内摩擦角等力学性质有重要影响，过高或过低的水分含量都可能导致土体稳定性问题。

外部载荷：外部荷载包括自然荷载（如土压力、水压力）和人工荷载（如建筑物、交通荷载等），对土体稳定性产生直接影响。

地形和坡度：地形的起伏和坡度对土体稳定性有明显的影响，特别是在陡坡、高坡等地形条件下。

（二）土体稳定性评估方法

1. 工程地质调查与试验

在土体稳定性评估过程中，工程地质调查是首要的步骤。通过对地层、土质、地形等进行详细调查，获取有关土体性质的基础数据。同时，进行室内试验如三轴剪切试验、压缩试验等，获取土体的力学参数。

2. 数值模拟与分析

数值模拟是评估土体稳定性的一种重要手段，常用的方法包括有限元分析、有限差分法等。通过建立土体力学模型，模拟不同条件下土体的变形和应力分布，预测潜在的稳定性问题。

3. 监测与实测分析

实际监测和实测分析是直接获取土体变形和位移信息的手段。包括测量孔隙水压力、地表沉降、裂缝变形等，以便及时发现土体稳定性问题。

4. 土体稳定性指标与评价标准

确定合适的土体稳定性指标和评价标准对于评估土体稳定性至关重要。常用指标包括切线摩擦力、黏聚力、内摩擦角等，评价标准则根据工程实际情况和规范制定。

（三）不同条件下的土体稳定性处理方法

1. 饱和土体的稳定性处理

饱和土体由于水分饱和，粘聚力降低，容易发生不稳定现象，处理方法包括：

加固措施：可通过加固土体，如灌浆、注浆、搅拌桩等方式，提高土体的抗剪强度。

降低水分含量：通过排水、提高基础排水能力等手段，降低土体的水分含量，提高土体的粘聚力。

改变荷载方式：调整外部荷载，如减小建筑物荷载、改变水体水压力等，减小土体的不稳定性风险。

2. 非饱和土体的稳定性处理

非饱和土体的稳定性处理需要考虑土体的含水量、土体变形特性等因素：

合理排水：非饱和土体对排水敏感，因此合理设计和维护排水系统是关键。

合理施工方式：在施工过程中，采用适当的施工方式和工序，减小对土体的不利影响。

监测与实测：对非饱和土体进行实时监测，掌握土体变形情况，及时调整工程方案。

3. 高地应力下的土体稳定性处理

在高地应力条件下，土体的稳定性问题可能更为突出，处理方法包括：

加固土体：使用加固技术，如土钉墙、喷锚支护等，提高土体的整体稳定性。

减小外部荷载：通过减小建筑物、交通荷载等外部荷载，减小土体受力，降低土体的应力水平。

合理的坡度设计：在高地应力区域的工程中，合理设计工程的坡度，减小土体在坡面上的受力情况，有助于减轻土体的不稳定性。

4. 地形复杂地区的土体稳定性处理

在地形复杂地区，地势起伏和坡度变化可能导致土体稳定性问题，处理方法包括：

坡面加固：对可能发生滑坡或坡面崩塌的区域进行坡面加固，采用护坡结构、植被覆盖等方式。

排水系统设计：合理设计排水系统，防止水分渗透引起土体饱和，减小水力压力对土体稳定性的影响。

合理植被覆盖：通过植被覆盖，可以减轻雨水对土体的冲刷作用，提高土体的稳定性。

土体稳定性评估与处理是土木工程和地质工程中的关键环节，直接关系到工程结构的安全性和可靠性。通过综合考虑土体性质、外部荷载、地形特征等多个因素，采用工程地质调查、试验分析、数值模拟等手段，可以有效评估土体的稳定性，并采取相应的处理措施。

在处理土体稳定性问题时，需要根据具体情况采取相应的技术手段，如加固措施、排水系统设计、坡面加固等。在不同条件下，如饱和土体、非饱和土体、高地应力区域和地形复杂地区，采取相应的处理方法，以维护土体的稳定性。

综合考虑多学科知识、风险评估、现场监测和科技支持，可以更好地制订土体稳定性处理方案，确保工程的可持续发展。通过不断的科技创新和工程实践，土体稳定性处理将更加科学、精确，为各类工程提供更为可靠的基础支持。在未来的工程实践中，工程师需要不断学习新知识、借鉴成功经验，以应对不同地质和工程条件下的土体稳定性挑战。

第三节 隧道、桥梁与道路工程的实时监测

一、实时监测系统构建

实时监测系统在现代工程和科学研究中发挥着越来越重要的作用。通过实时获取、传输和分析数据，监测系统能够提供对环境、结构或设备状态的即时反馈，帮助工程师和研究人员及时做出决策、预防潜在问题，提高工程和实验的效率和安全性。本书将深入探讨实时监测系统的构建方法、关键技术以及在不同领域的应用。

（一）实时监测系统的构建

1. 系统架构设计

实时监测系统的架构设计是构建过程中的关键一步。它包括硬件和软件两个方面设计。硬件方面通常包括传感器、数据采集设备、通信设备等；而软件方面则包括数据处理、分析算法、用户界面等。系统架构的设计应充分考虑监测对象的特性、监测需求以及后续数据处理和应用的要求。

2. 传感器选择与布局

传感器是实时监测系统的核心组成部分，其选择和布局直接影响系统的灵敏度和准确性。传感器的种类包括温度传感器、湿度传感器、压力传感器、振动传感器等。在选择传感器时，需要考虑监测对象的特性和环境条件，同时合理布局传感器以确保全面而有效地监测目标。

3. 数据采集与传输

数据采集是实时监测系统的基础工作，它包括从传感器获取数据、进行模数转换等过程。采集到的数据需要通过可靠的通信手段传输至中央处理单元。通信方式可以选择有线通信（如 Ethernet、CAN 总线）或无线通信（如 WiFi、蓝牙、LoRa 等），具体选择取决于监测环境和距离。

4. 数据处理与分析

采集到的原始数据需要经过一系列的处理和分析，以提取有用的信息。数据处理包括滤波、去噪、校准等步骤，而数据分析则通过算法和模型提取出系统状态、趋势和异常信息。这些过程通常在中央处理单元或云端服务器上完成。

5. 用户界面与报警系统

实时监测系统的用户界面是用户与系统进行交互的窗口，应具备友好的操作界面和直观的数据展示方式。同时，系统通常应配备报警功能，能够在监测到异常或超过阈值时及时通知用户，帮助其采取相应的应对措施。

（二）实时监测系统的关键技术

1. 传感技术

传感技术是实时监测系统的基础。各类传感器的不断发展和创新使得监测系统能够涵盖更广泛的监测对象和参数。例如，MEMS 技术的应用使得微型化、低功耗、高灵敏度的传感器得以广泛应用，满足了对微小变化进行高频率监测的需求。

2. 无线通信技术

随着无线通信技术的进步，实时监测系统中的数据传输变得更加灵活和便捷。蓝牙、WiFi、LoRa 等无线通信技术提供了各种选择，使得监测系统不再受制于有线连接，适用于更广泛的场景和环境。

3. 数据处理与算法

数据处理与算法是实时监测系统的智能核心。先进的数据处理算法，如机器学习、深度学习等，能够从庞大的监测数据中提取模式、预测趋势，甚至实现对异常的自动识别和报警。这使得监测系统能够更加智能地响应和适应不同的工况。

4. 云计算与大数据

云计算和大数据技术为实时监测系统提供了强大的支持。将监测数据上传至云端进行存储和分析，使得数据能够跨越时空限制，实现全球范围内的实时监测与管理。同时，大数据分析技术可以帮助挖掘数据背后的规律和趋势。

5. 安全性与隐私保护

在实时监测系统中，数据的安全性和隐私保护至关重要。采用加密技术、访问控制、身份认证等手段确保数据传输的安全性，同时遵循相关的隐私法规和规范，保护用户的隐私权益。

（三）实时监测系统的应用领域

1. 结构工程监测

在结构工程领域，实时监测系统可用于桥梁、隧道、建筑物等的变形、振动、温度等参数的监测。通过实时监测，工程师能够及时发现结构变形和异常，及时采取措施进行修复和维护，确保结构的安全性和稳定性。监测系统可以通过传感器实时采集结构的运行状态，通过云端数据处理和分析，提供工程师实时的结构健康状况，从而更好地进行结构管理和维护计划的制订。

2. 土壤与地质监测

在土壤与地质监测领域，实时监测系统可用于土壤湿度、压力、沉降等参数的监测。这对于土地利用规划、灌溉管理、地质灾害的预防和控制具有重要意义。通过实时监测，可以及时发现土壤水分状况、地下水位变化以及地质变形，为农业生产和城市规划提供科学依据。

3. 环境监测

实时监测系统在环境监测中的应用涵盖了大气、水体、土壤等多个方面。例如，空气质量监测系统可以通过各类传感器实时监测空气中的污染物浓度，从而为城市管理和公众提供准确的空气质量信息。水质监测系统则可用于实时监测水体的各项指标，保障饮用水安全和水生态环境的健康。

4. 能源设备监测

在能源领域，实时监测系统可用于对发电设备、输电线路等关键设施进行监测。通过监测设备的振动、温度、电流等参数，可以实现对设备运行状态的实时掌握，及时发现潜在故障，提高设备的可靠性和运行效率。

5. 交通运输监测

实时监测系统在交通运输领域具有广泛应用。例如，交通流量监测系统可以通过摄像头、地感器等实时监测道路上的车辆流量和交通状况，为交通管理提供数据支持。轨道交通系统也可以通过实时监测列车运行状态、轨道振动等参数，确保交通系统的安全性和运行效率。

实时监测系统在各个领域的广泛应用为工程管理、科学研究和社会管理提供了强有力的工具。通过合理的系统架构设计、先进的监测技术应用、智能化的数据处理手段，实时监测系统能够及时获取并分析各类数据，为决策者提供及时而准确的信息。

二、监测数据实时处理与传输

随着科技的飞速发展，实时监测系统在各个领域得到了广泛应用，从结构工程到环境监测，再到交通运输，实时监测系统的数据处理与传输技术发挥着关键作用。本书将深入探讨实时监测系统中监测数据的实时处理与传输技术，包括数据采集、处理算法、传输方式等方面，以期为读者提供对这一领域的全面了解。

（一）监测数据实时处理

1. 数据采集

数据采集是实时监测系统的第一步，关系到后续的数据处理与传输。传感器的选择和布局对数据采集的质量有着直接影响。各类传感器，如温度传感器、湿度传感器、加速度传感器等，通过实时监测目标的各项参数，将原始数据反映到监测系统中。

2. 数据预处理

原始数据通常包含噪声、异常值等，因此需要进行数据预处理以提高数据的质量。数据预处理的步骤包括滤波、去噪、校准等。通过这些步骤，可以使得数据更加准确、稳定，为后续的分析和传输提供更为可靠的基础。

3. 数据处理算法

实时监测系统中的数据处理算法直接影响监测结果的准确性和实时性。常见的数据处理算法包括时域分析、频域分析、统计分析等。随着人工智能和机器学习的发展，越来越多的高级算法被应用于数据处理，如神经网络、支持向量机等，使得监测系统能够更加智能地识别模式和异常。

4. 实时监测与反馈

实时监测系统的目标之一是能够在监测到异常时提供及时反馈。通过实时处理，监测系统可以在发现异常或超过设定阈值时立即发出警报或通知相关人员。这种实时反馈有助于迅速采取应对措施，降低潜在风险。

（二）监测数据实时传输

1. 传输介质选择

实时监测系统的数据传输方式多种多样，可选择的传输介质包括有线传输（如 Ethernet、CAN 总线）、无线传输（如 WiFi、蓝牙、LoRa）、移动通信网络（如 4G、5G）等。传输介质的选择需要综合考虑监测环境、距离、传输速率等因素。

2. 数据传输协议

数据传输协议是保证数据准确传输的关键。常见的协议包括 TCP/IP 协议、MQTT（Message Queuing Telemetry Transport）协议、CoAP（Constrained Application Protocol）协议等。选择适合监测系统需求的传输协议，有助于提高数据传输的效率和可靠性。

3. 数据压缩与加密

由于监测系统产生的数据量较大，为了降低传输开销，通常需要采用数据压缩技术。同时，考虑到数据的安全性，采用加密技术对传输的数据进行保护，防止数据被恶意篡改或窃取。

4.边缘计算与云计算

边缘计算和云计算技术为实时监测系统的数据传输提供了强大支持。边缘计算通过将计算资源移到离监测点更近的位置，减少了数据传输延迟，提高了实时性。而云计算则能够提供强大的计算和存储能力，支持大规模数据的存储和分析。

5.数据存储与管理

实时监测系统产生的数据需要进行有效的存储和管理。传统的数据库技术、分布式文件系统、NoSQL 数据库等都可以用于数据的存储。同时，有效的数据管理系统可以帮助用户方便地检索和分析历史监测数据，为决策提供参考。

（三）实时监测系统的应用案例

1.结构健康监测系统

在大型建筑、桥梁、隧道等结构工程中，实时监测系统能够通过加速度、位移等传感器监测结构的变形和振动。通过实时处理和传输技术，监测系统可以提供及时的结构健康状况，及时预警潜在的问题，保障结构的安全性。

2.环境监测系统

在环境监测中，实时监测系统可以通过各类传感器监测大气中的污染物浓度、水体的水质状况、土壤湿度等。通过实时传输技术，监测系统可以提供准确的环境数据，为环境管理和保护提供科学依据。

3.智能交通监测系统

智能交通监测系统利用摄像头、传感器等技术实时监测道路交通情况，包括车流量、交叉口拥堵、道路状态等。实时数据处理和传输技术使得监测系统能够提供实时的交通信息，协助交通管理部门优化交通流，提高交通系统的运行效率。

4.工业生产监测系统

在工业生产中，实时监测系统通过传感器监测生产设备的运行状态、温度、湿度等参数。实时传输技术使得生产管理人员能够远程实时监控生产线，及时发现设备异常，减少停机时间，提高生产效率。

5.医疗健康监测系统

在医疗领域，实时监测系统可以通过生理参数传感器监测患者的生命体征，如心率、血压、血氧等。这些数据通过实时传输技术，可以让医护人员及时了解患者的健康状况，做出迅速的医疗决策。

实时监测系统的数据处理与传输技术是其实现实时监测功能的重要组成部分。通过合理的数据采集、预处理、处理算法和传输方式的选择，实时监测系统能够及时获取并传输监测数据，为工程管理、科学研究等提供强有力的支持。

未来，随着边缘计算、人工智能、5G 技术等的不断发展，实时监测系统将呈现出更加智能、高效、可持续的发展趋势。在追求技术创新的同时，我们也需要关注安全性和隐私保护等重要问题，以确保实时监测系统的可靠性和社会可持续发展。

第四节　灾害性天气事件的监测与响应

一、天气监测与预警系统

天气监测与预警系统是现代社会重要的基础设施之一，它不仅在日常生活中为人们提供准确的天气信息，还在面对极端天气事件时发挥着至关重要的作用。本书将深入探讨天气监测与预警系统的发展历程、关键技术、应用领域以及未来趋势，以期让读者全面了解这一领域。

（一）天气监测与预警系统的发展历程

1. 初始阶段

天气监测最早可以追溯到古代的天文学观测和人们对自然现象的观察。随着科学技术的进步，气象学作为一门独立的学科逐渐形成。19 世纪末 20 世纪初，出现了第一批气象观测站和气象台，开始建立气象观测网络，但监测手段相对简陋，预报精度有限。

2. 现代化发展

20 世纪中叶以后，随着雷达、卫星、计算机等技术的发展，天气监测与预警系统进入了现代化阶段。气象雷达和卫星可以远距离监测大气状况，计算机技术的引入使得大量数据能够被高效处理和分析，使得天气预报的准确度有了显著提高。

3. 实时监测与灾害防范

近年来，天气监测与预警系统不仅注重天气现象的准确监测，更加强调实时性和对极端天气事件的预警。通过先进的气象仪器、遥感技术和大数据处理，天气监测系统能够实现对风暴、暴雨、龙卷风等灾害性天气的实时监测，并在第一时间向社会发布预警信息，以提高人们对天气风险的认知和应对能力。

（二）天气监测与预警系统的关键技术

1. 气象卫星技术

气象卫星是天气监测系统中至关重要的工具之一。通过搭载各种传感器，气象卫星可以实时监测大气、云层、海洋温度等多个气象要素。卫星遥感技术的进步使得监测范围更广、分辨率更高，为天气预测和极端天气事件的提前预警提供了强有力的支持。

2.气象雷达技术

气象雷达主要用于监测降水和雷暴等天气现象。通过发射无线电波，接收反射回来的信号，气象雷达可以获取目标的位置、强度和速度等信息。雷达技术的不断创新使得天气监测系统能够更准确地追踪降水带、风暴和龙卷风等极端天气事件。

3.数值天气预报模型

数值天气预报模型是天气预报的核心工具，它基于数学和物理方程对大气、海洋等要素进行建模，通过计算机模拟大气运动、湿度分布、气压变化等，从而进行天气预测。先进的数值模型能够提供对未来数天乃至数周天气的精确预测，为预警系统提供可靠的依据。

4.气象传感器网络

气象传感器网络通过在地面和空中部署大量传感器，实现对气象要素的高密度、实时监测。这些传感器可以测量温度、湿度、风速、大气压力等多个参数，并通过网络将数据传输到中心服务器进行分析。传感器网络的搭建提高了监测系统的时空分辨率，为局地气象的精确监测提供了有力支持。

5.数据处理与人工智能

大数据处理和人工智能技术在天气监测与预警系统中的应用日益增多。通过对海量观测数据的分析，机器学习和深度学习算法能够识别天气模式、发现异常信号，提高监测系统对突发天气事件的敏感性和准确性。

（三）天气监测与预警系统的应用领域

1.公共安全

天气监测与预警系统在公共安全领域发挥着关键作用。在极端天气事件发生时，系统能够及时发布预警信息，帮助政府和民众采取必要的紧急措施，降低灾害损失。

2.农业生产

农业对气象条件的敏感性很高，天气监测与预警系统在农业生产中发挥着重要作用。通过及时提供天气信息和未来的气象趋势，系统帮助农民进行合理的农事活动安排，如种植、灌溉、收获等。预警系统还可以在极端天气来临前提前通知农民，减少农作物受灾风险，维护农业生产的稳定性和可持续性。

3.交通运输

天气状况对交通运输有着直接影响，恶劣天气可能导致道路封闭、交通拥堵等问题。天气监测与预警系统通过实时监测道路状况、能见度等信息，为交通管理部门和驾驶员提供准确的天气预报，以提前采取交通管制、提醒驾驶员注意安全。

4.航空航天

天气对航空航天活动具有极大影响，特别是对起降、飞行、降落等关键环节。监测与预警系统为航空公司和航空管制部门提供了关键的气象信息，帮助其制订飞行计划、调整航班时刻表，并及时预警可能影响航班安全的天气异常。

5.城市规划与建设

在城市规划与建设中，天气监测与预警系统为城市管理者提供重要数据支持。通过监测城市气象条件，系统可以帮助规划城市基础设施，如排水系统、道路设计等，以适应不同的气象条件。预警系统还能提前通知城市居民，使其做好应对极端天气的准备。

天气监测与预警系统作为现代社会不可或缺的基础设施，在保障公共安全、促进经济发展等方面发挥着重要作用。通过不断引入先进技术，提高监测精度和实时性，未来的天气监测与预警系统将更加智能、多模态、精细化，为社会提供更为可靠的气象服务。同时，加强国际合作将有助于全球气象监测与应对气候变化的能力，共同应对全球气象灾害带来的挑战。

二、天气事件对土木工程的影响

天气事件对土木工程产生广泛而深远的影响，这些天气事件包括但不限于暴雨、洪水、台风、飓风、干旱、大风、雪灾等。土木工程是一门关注基础设施建设的学科，而这些天气事件可能对基础设施的设计、建造和维护带来挑战。以下我们将深入探讨天气事件对土木工程的各个方面的具体影响，以及应对这些影响的一些方法。

（一）暴雨和洪水

暴雨和洪水是土木工程中常见的天气灾害之一。大量的降水可能导致河流、水库和其他水体的水位上升，从而引发洪水。这种情况可能对桥梁、道路、隧道等基础设施构成严重威胁。设计工程时必须考虑到可能的降雨量，采取合适的排水设计，以减轻洪水对基础设施的冲击。

（二）台风和飓风

台风和飓风带来的强风和暴雨可能对土木工程造成灾难性的影响。飓风风力巨大，对基础设施的耐久性提出了极高要求。在设计和建造中，需要采取抗风设计、合理选用建筑材料、加强结构等措施，以提高基础设施的抗风能力。

（三）干旱

干旱可能导致土壤干燥、地下水位下降，从而影响基础设施的稳定性。在建造桥梁、隧道等工程时，需要考虑土壤的承载能力，并在设计中采取合适的措施以应对可能的干旱。此外，水资源的合理利用也是在干旱地区进行土木工程的重要考虑因素。

（四）大风

大风可能对建筑物、桥梁和其他结构物造成直接破坏。在设计中，需要考虑到可能的风速，采取合适的结构设计以增强建筑物的稳定性。此外，合理选择建筑材料、加强结构连接等也是减轻大风影响的关键因素。

（五）雪灾

雪灾对基础设施的影响主要体现在道路交通、建筑物屋顶负载等方面。在设计道路和桥梁时，需要考虑到可能的降雪量，采取适当的防雪措施以确保交通的畅通。建筑物屋顶的设计也需要考虑到雪的重量，以防止屋顶结构的损坏。

（六）应对方法

为了应对天气事件对土木工程的影响，工程师们可以采取一系列的应对方法。首先，需要在设计阶段充分考虑当地的气象条件，采用适当的标准和规范。其次，使用耐候性能好的建筑材料，采取合理的结构设计，提高基础设施的抗灾能力。此外，及时进行维护和修复工作，以确保基础设施的长期稳定性。

综上所述，天气事件对土木工程的影响是多方面的，需要在设计、建造和维护的各个阶段采取相应措施。工程师们需要不断创新，提高对不同天气事件的适应能力，以确保基础设施的安全稳定。与此同时，政府、社会和企业也应共同努力，加强对天气事件的监测预警体系，提高整体抗灾能力，共同应对气候变化带来的挑战。

三、紧急响应与灾害管理

紧急响应与灾害管理是在面对自然或人为灾害时，有组织地采取行动以减轻灾害影响、救援受灾群众、保护财产和环境的一系列措施的过程。这一领域涵盖了预防、准备、应对、恢复和整改等多个阶段，旨在最大限度地保障社会的安全与稳定。以下是对紧急响应与灾害管理的详细探讨。

（一）定义与重要性

紧急响应是指在灾害发生后，迅速采取行动，以减轻灾害的影响、挽救生命和财产，维护社会秩序和环境的一系列紧急行动。灾害管理则是一种系统性、综合性的过程，包括对灾害的预测、预防、准备、应对、恢复和整改等多个方面。

其重要性体现在以下几个方面。

生命安全保障：紧急响应是保障人民生命安全的第一要务。通过迅速而有序的行动，最大限度地减少伤亡，是灾害管理的首要目标。

财产和环境保护：灾害不仅威胁人的生命安全，还可能造成财产和环境的重大损失。

紧急响应的目标之一是最小化这些损失，通过合理的资源配置和行动方案，保护财产和环境。

社会秩序维护：灾害发生时，社会往往处于一种混乱状态，容易引发社会动荡。紧急响应与灾害管理不仅要救援灾民，还需要维护社会秩序，防止事态失控。

（二）紧急响应的阶段

紧急响应包括几个关键的阶段，每个阶段都有其独特的任务和挑战。

预警与预测：在灾害发生之前，预测和预警是关键一环。利用科技手段，对天气、地质、水文等因素进行监测，提前发现可能的灾害，向公众发布预警信息，以便采取适当的措施。

准备阶段：在灾害来临前，社会需要进行充分的准备工作，包括制订紧急应对计划、进行模拟演练、提高公众的防灾意识等。此阶段的目标是提高整体应对能力，确保各方面资源的有效调动。

应对阶段：当灾害发生时，迅速而有序地展开救援行动是至关重要的。这包括灾害现场的紧急救援、伤员救治、物资调度等一系列行动。政府、救援机构和志愿者在此阶段扮演着重要的角色。

恢复阶段：灾害过后，社会需要进行恢复工作，包括受灾地区的基础设施修复、灾后心理援助、灾后评估等。这一阶段旨在帮助受灾社区尽快恢复正常生活。

（三）灾害管理的原则与方法

灾害管理是一个复杂而系统的过程，需要有明确的原则和方法来引导。

多层次性：灾害管理需要在国家、地方、社区等多个层次上进行。不同层次的政府和机构需要协同合作，形成一体化的灾害管理体系。

综合性：灾害管理应该是综合性的，涉及多个领域，包括气象、地质、水利、医疗、交通等。不同领域的专业知识需要有机结合，形成完整的应对方案。

社会参与：灾害管理不仅仅是政府的责任，社会各界的广泛参与也是非常关键的。公众的防灾意识、自救互救能力、志愿者的参与等都对灾害管理的效果产生深远的影响。

科技支持：利用先进的科技手段，如卫星监测、遥感技术、信息技术等，可以提高对灾害的监测、预测和响应效率。科技的发展为灾害管理提供了强大的工具。

第五章　土木工程测量在工程设计中的应用

第一节　工程前期测量在规划与设计中的作用

一、前期测量数据在工程规划中的决策支持

在建设工程领域，前期测量数据的收集和分析对于工程规划的决策起着至关重要的作用。前期测量数据包括地形地貌、地质地貌、水文气象等方面的信息，通过科学的测量手段获取。这些数据为工程规划提供了丰富的基础信息，有助于深入了解工程所处环境的特点和变化规律，从而为决策者提供科学的、可靠的支持。本书将深入探讨前期测量数据种类与获取方法，并分析其在不同工程阶段的具体应用。

（一）前期测量数据的种类与获取方法

1. 数据种类

前期测量数据包含多个方面的信息，主要包括：

地形地貌数据：包括地势高低、地表坡度、地势起伏等信息，通过地形测量等手段获取。

地质地貌数据：涵盖地质构造、岩性、地层分布等信息，通过地质勘查等手段获取。

水文气象数据：包括降雨量、气温、湿度、风速等气象信息，以及水文数据如河流水位、水质等，通过气象站、水文站等设施获取。

土壤数据：包括土壤类型、质地、含水量等信息，通过土壤勘察等手段获取。

2. 数据获取方法

前期测量数据的获取依赖于多种先进的测量技术和设备，主要包括：

地形测量技术：利用全球定位系统（GPS）、激光测距仪、卫星遥感等技术进行地表地形的高程测量。

地质勘察技术：利用地质雷达、地震勘探、钻孔等手段获取地下地质信息。

气象站与水文站：建立气象站和水文站，通过仪器对气象和水文信息进行实时监测和记录。

遥感技术：利用卫星和航空器获取大范围、高分辨率的地表信息，包括地形、植被、水域等。

（二）前期测量数据在规划前阶段的应用

1. 土地资源评估

前期测量数据在规划前阶段的首要应用之一是进行土地资源评估。通过地形地貌和土壤数据，决策者可以了解土地的适宜用途、承载能力，评估是否适合建设特定类型的工程，如建筑、道路等。这项评估有助于规划者确定工程的基本布局，选择合适的用地范围，避免在不适宜的地区进行开发，减少环境破坏。

2. 自然灾害风险评估

地质地貌数据和水文气象数据在规划前阶段用于自然灾害风险评估。通过分析地质地貌，可以识别潜在的自然灾害风险，如地质灾害、泥石流等。水文气象数据则提供了预测自然灾害的依据，如洪水、滑坡等。决策者可以根据这些数据进行风险评估，采取相应的规划和设计措施，确保工程在面对自然灾害时有更好的抵御能力。

3. 生态环境保护

规划前的生态环境保护是建设工程的重要考虑因素之一。通过地形地貌和水文气象数据，决策者可以评估工程对周边生态环境的影响。这包括植被分布、水域情况等。基于这些数据，可以制订规划方案，减少对自然生态系统的干扰，提高工程的环境友好性。

（三）前期测量数据在规划中期阶段的应用

1. 基础设施选址

在规划中期阶段，前期测量数据为基础设施的选址提供了关键信息。通过综合考虑地形地貌、地质地貌、水文气象等数据，决策者可以选择对基础设施建设最为合适的地点。这有助于降低工程施工的难度，减少不必要的土地平整和地质处理工作，提高基础设施的可持续性。

2. 工程设计参数确定

前期测量数据在规划中期阶段用于确定工程设计参数。例如，在道路规划中，通过地形地貌和水文气象数据，可以确定道路的纵断面和横断面，确保道路设计满足地形特征和水文条件。在建筑规划中，通过地质地貌数据，可以确定建筑的地基设计参数，以适应地下土层的特征。这些数据为工程设计提供了准确的基础参数，确保工程结构的稳定性和安全性。

3. 城市交通规划

前期测量数据在城市交通规划中发挥着至关重要的作用。通过地形地貌数据，可以评估城市道路的坡度、曲线半径等特征，从而优化交通流线，提高道路的通行能力。水文气象数据则用于分析城市的气象条件，考虑雨水排水系统的设计，确保城市在极端气象条件下的交通安全。

4.水资源规划

在水资源规划中，前期测量数据对水源的合理开发和利用至关重要。通过水文气象数据，可以了解降水分布、水文循环等信息，为水资源的规划提供依据。同时，地质地貌数据有助于评估水源地的地质条件，确保水源的水质和水量符合规划需求。

（四）前期测量数据在规划后期阶段的应用

1.工程施工准备

规划后期，前期测量数据为工程施工准备提供重要依据。通过地质地貌数据，施工方可以了解工程地区的地质特征，制订合理的施工方案，减少地质风险。土壤数据则用于选择合适的基础处理措施，确保建筑物的稳定性。

2.施工过程监测

在建设工程的实际施工过程中，前期测量数据仍然发挥着监测和调整的作用。通过实时监测地形地貌和水文气象等数据，可以及时发现施工现场的变化，调整施工计划，防范潜在的安全风险。这种实时监测有助于确保施工过程的安全性和高效性。

3.环境影响评估

在规划后期，环境影响评估是建设工程不可或缺的一环。前期测量数据为环境影响评估提供了丰富的资料，通过对地质地貌、水文气象等数据的分析，可以预测工程对周边环境的影响，包括土地利用变化、生态系统的破坏等。这有助于规划者采取相应的环保措施，降低工程对环境的负面影响。

前期测量数据在工程规划中的决策支持起着不可替代的作用。通过地形地貌、地质地貌、水文气象等多方面数据的综合分析，决策者可以深入了解工程所处环境，科学合理地制订规划方案。在规划前、中、后期的不同阶段，前期测量数据都发挥着重要作用，包括土地资源评估、自然灾害风险评估、基础设施选址、工程设计参数确定、环境影响评估等方面。

二、土地测量与规划的关联性

土地测量与规划是土地管理与利用过程中的两个重要环节，二者之间存在紧密的关联性。土地测量为规划提供基础数据，为规划决策提供科学依据，而规划则指导和规范土地利用，确保土地资源的可持续利用。本书将深入探讨土地测量与规划的关联性，分析二者在土地管理中的协同作用，以及在可持续土地利用中的重要性。

（一）土地测量与规划的定义与概念

1. 土地测量

土地测量是对土地进行实地测量、调查和监测的过程，旨在获取有关土地特征、土地利用情况、地形地貌、土地所有权、土地质量等方面的准确数据。土地测量利用各类测量仪器和技术手段，如全球定位系统（GPS）、遥感技术、激光测距仪等，获取土地信息，为土地规划和管理提供翔实的数据。

2. 土地规划

土地规划是在土地资源利用总体规划的基础上，结合地方经济社会发展需要，科学合理布局土地利用的过程。它包括城市总体规划、区域规划、乡村规划等多个层次，旨在实现土地资源的最优配置、合理开发利用，确保土地在经济、社会和环境三个方面可持续发展。

（二）土地测量对规划的支持作用

1. 提供准确的土地基础数据

土地测量通过采用现代测绘技术，获取了土地的空间坐标、地形地貌、土地质量等多维度、多层次的基础数据。这些数据为土地规划提供了准确的空间信息，为规划过程提供了实际依据，使规划更科学、更精准。

2. 分析土地利用现状

土地测量的数据反映了土地利用的现状，包括农业用地、城市建设用地、生态用地等。通过对土地利用现状的分析，规划者可以了解土地利用的状况和存在的问题，为未来的土地规划提供参考，优化土地利用结构，提高土地资源的利用效益。

3. 揭示土地资源潜力

土地测量的结果不仅包括当前土地利用情况，还能揭示土地资源的潜力和特点。例如，通过地质勘察，可以了解土地的地质条件，判断土地是否适宜建设特定类型的工程；通过水文气象数据，可以评估土地的水资源状况，为水资源规划提供依据。这些信息有助于规划者科学决策，充分发挥土地资源的潜力。

4. 支持土地用途划定

土地测量数据为规划者提供了土地利用的科学依据，有助于合理划定土地用途。通过分析土地的特性和质量，规划者可以制订不同区域的土地用途规划，明确各类用地的功能和限制，保障城市和乡村的可持续发展。

（三）规划对土地测量的引导作用

1. 规划目标设定

土地规划首先需要明确发展目标和方向。规划者根据社会经济发展需求，确定城市、区域或乡村的总体规划目标。这些目标直接影响到土地的合理利用，规划者通过目标设定，引导土地测量的方向和重点，确保测量数据符合规划的整体要求。

2. 确定土地利用结构

土地规划要求根据规划目标，科学合理配置土地利用结构。规划者制定不同区域的土地利用规定，包括建设用地、农业用地、生态用地等，对土地测量提出了具体要求。土地测量要根据规划的土地利用结构，提供相应的数据支持，确保土地的合理利用。

3. 制定土地利用政策

规划决定了土地利用的方向，而土地测量的数据为规划的实施提供了翔实的支持。规划者可以根据土地测量的结果，制定相应的土地利用政策，如土地扶持政策、保护性耕地政策等，推动土地资源的可持续利用。

4. 确保土地资源可持续发展

规划的一个重要目标是实现土地资源的可持续发展。规划者通过土地利用结构的设计和政策的制定，引导土地测量的方向，确保土地资源的合理利用和可持续发展。土地测量通过提供翔实的土地信息，帮助规划者更好地理解土地资源的状况，为制定可持续发展策略提供科学基础。

（四）土地测量与规划的协同作用

1. 数据的时空一体化

土地测量与规划的协同作用体现在数据的时空一体化上。土地测量提供的实地数据，包括地理坐标、高程、土地利用类型等，为规划者提供了真实的时空信息。规划者通过对这些数据的整合和分析，能够更好地理解土地的时空变化规律，从而制订更具前瞻性和科学性的规划。

2. 规划的科学决策

土地测量提供的翔实数据为规划的科学决策提供了基础。规划者通过对土地测量数据的分析，能够更全面地了解土地资源的特征、潜力和问题。这有助于制订更合理的土地规划，使规划更贴近实际，更符合土地的实际状况，提高规划的实施效果。

3. 规划的可操作性

土地测量的结果为规划的可操作性提供了依据。规划者可以根据土地测量数据，制订切实可行的土地规划方案。例如，在城市规划中，通过了解土地的地形地貌和土地利用状况，规划者能够确定合适的建设用地和绿地布局，提高城市的宜居性和可持续性。

4. 规划的动态调整

土地测量的动态监测数据为规划的动态调整提供了支持。规划者通过对土地的定期监测和测量，能够及时了解土地利用的变化，发现问题和潜在风险，及时调整规划方案，确保规划的持续有效性。

（五）土地测量与规划的发展趋势

1. 先进技术的应用

未来，土地测量和规划将更多地依赖先进的技术手段。例如，无人机、卫星遥感、激光扫描等技术的应用将提高土地测量的效率和精度，为规划提供更丰富的数据支持。

2. 空间信息技术整合

空间信息技术的整合将成为土地测量和规划的趋势之一。地理信息系统（GIS）的广泛应用，使得不同类型的空间信息可以进行集成，更好地支持土地测量和规划的协同工作。

3. 数据共享与开放

数据共享与开放将促使土地测量和规划更好地协同发展。通过建立统一的数据标准和平台，实现不同单位间的数据共享，提高数据利用效益，促进规划的科学性和可操作性。

4. 可持续发展理念

可持续发展理念将贯穿土地测量和规划的整个过程。在土地测量中，要更加注重土地资源的可持续性评估，为规划提供更多关于土地生态、环境、社会经济方面的数据。规划中，要更加注重生态文明和绿色发展，引导土地利用向着可持续的方向发展。土地测量与规划之间存在紧密的关联性，二者相辅相成，在土地管理与利用中发挥着重要作用。土地测量通过提供翔实的土地数据，支持规划的科学决策，为规划提供实际依据。规划通过设定目标、引导土地利用结构、制定政策等方式，指导和规范土地测量的方向和内容。协同作用下，土地测量和规划共同推动土地资源的可持续利用，实现经济、社会和环境的协同发展。未来，随着技术的不断发展和理念的不断更新，土地测量与规划将迎来更广阔的发展空间，为实现可持续土地利用作出更大的贡献。

三、环境测量与可持续设计

环境测量和可持续设计是当代社会中越来越受关注的两个领域。环境测量通过科学的手段获取环境数据，了解自然界的状态和变化。可持续设计是一种以社会、经济和环境为核心的设计理念，旨在创造长期可持续的解决方案。本书将深入探讨环境测量与可持续设计之间的关联，探讨环境测量如何为可持续设计提供支持，并分析在设计过程中如何整合环境测量的数据，以推动可持续设计的实现。

（一）环境测量的概念与方法

1. 环境测量的定义

环境测量是通过采用各种科学仪器和技术手段，对环境中的物理、化学、生物等因素进行实时或定期监测和测量的过程。这些因素包括但不限于空气质量、水质、土壤质量、噪声水平、气候条件等。环境测量旨在获取真实、准确的环境数据，为环境状况的评估和管理提供科学依据。

2. 环境测量的方法

环境测量利用多种仪器和方法，其中包括：

空气质量测量：利用空气质量监测站、传感器等设备，监测空气中的颗粒物、气体浓度等。

水质测量：利用水质监测站、水质传感器等设备，监测水体中的溶解氧、水温、PH 值等指标。

土壤质量测量：利用土壤监测仪器、采样设备等，监测土壤的含水量、养分含量、有机质等参数。

噪声水平测量：利用噪声监测仪、声级计等设备，监测环境中的噪声水平。

气象条件测量：利用气象站、卫星遥感等设备，监测大气温度、湿度、风速等气象条件。

（二）可持续设计的理念与原则

1. 可持续设计的定义

可持续设计是一种综合考虑社会、经济和环境因素，以最小化对自然资源的影响，创造长期健康、繁荣和可持续发展的设计理念。可持续设计旨在满足当前需求，而不会妨碍未来世代满足其需求。

2. 可持续设计的原则

可持续设计遵循一系列原则，包括：

综合性原则：将社会、经济和环境因素纳入设计过程的全局考虑，以协调这三者的关系。

循环利用原则：最大限度地利用可再生资源，减少对非可再生资源的依赖，实现资源的有效利用。

能效原则：提高能源利用效率，减少能源消耗，采用可再生能源，降低对环境的负担。

生态友好原则：强调建筑和规划的生态适应性，保护和恢复生态系统，维护生物多样性。

（三）环境测量为可持续设计提供支持的方式

1. 环境数据的获取

环境测量为可持续设计提供了大量环境数据。通过对空气质量、水质、土壤质量、噪声水平、气象条件等多方面数据的测量，设计者能够全面了解设计区域的环境特征，为可持续设计的决策提供科学依据。

2. 环境状况评估

环境测量的数据有助于对设计区域的环境状况进行全面评估。通过分析空气质量、水质、土壤质量等数据，设计者可以识别潜在的环境问题，包括污染源、生态系统状况等，为设计中的环境保护和改善提供方向。

3. 制定设计策略

基于环境测量的数据，设计者可以制定相应的设计策略。例如，在建筑设计中，通过了解气象条件和光照情况，可以采用自然通风和采光设计，减少对人工能源的依赖，提高建筑的能效性。在城市规划中，通过分析空气质量和噪声水平，可以规划绿化带、缓冲带，改善城市的生态环境。

4. 环境影响评价

环境测量的数据可用于进行环境影响评价（EIA）。在可持续设计过程中，通过环境影响评价，设计者可以评估设计方案对周围环境的潜在影响，包括对大气、水体、土壤、生态系统等的影响。这有助于在设计初期发现可能存在的问题，并采取相应的措施进行改善和修正，以确保设计在实施阶段不会对环境造成不可逆转的损害。

5. 可持续建材选择

环境测量为可持续设计提供了对周围环境状况的深入了解，使得在建材选择上更具科学性。通过土壤质量测量，可以了解土壤的含水量、养分含量等，为选择适宜的植被种植和土壤修复材料提供指导。在建筑设计中，通过空气质量监测，可以了解空气中的污染物浓度，从而选择对室内空气质量影响较小的建材。

6. 节能减排和资源循环利用

环境测量为设计者提供了有关能源利用和环境排放的信息。基于这些数据，设计者可以制定节能减排策略，选择符合环保标准的能源系统和设备，以减少对环境的负面影响。此外，环境测量的结果还有助于设计中的资源循环利用，如通过水质监测确定废水是否可以再生利用，通过土壤质量监测选择合适的土地复绿方法等。

环境测量与可持续设计密切关联，通过提供翔实、准确的环境数据，为可持续设计提供科学支持。环境测量的数据不仅有助于设计者全面了解设计区域的环境状况，还为制定设计策略、评估环境影响、选择建材等方面提供了依据。

第二节　土地利用规划与土木工程测量

一、土地资源调查与测量

土地是人类社会发展的基础资源之一，其利用与管理关系国家经济、社会和环境的可持续发展。土地资源调查与测量作为土地管理的基础环节，通过系统的调查和测量手段，获取土地的各种信息，为科学合理的土地规划、利用和保护提供数据支持。本书将深入探讨土地资源调查与测量的概念、方法、意义以及在不同领域的应用。

（一）土地资源调查与测量的概念与定义

1. 土地资源调查的概念

土地资源调查是指对特定地域内土地的自然、经济、社会等方面进行系统研究和调查，以明确土地资源的分布、数量、质量、利用状况等基本情况。调查的内容涵盖土地的地理位置、地形地貌、土壤类型、植被覆盖、水资源分布、土地所有权状况等多个方面。

2. 土地测量的概念

土地测量是通过使用一系列科学仪器和测量技术，获取土地空间坐标、地物高程、土地利用状况等翔实数据的过程。土地测量涉及地理信息系统（GIS）、全球定位系统（GPS）、遥感技术等现代科技手段的应用，以确保获取的土地数据准确可靠。

（二）土地资源调查与测量的方法与技术

1. 野外调查

野外调查是土地资源调查的基本手段之一，它通过实地走访、样地调查等方法，获取土地的自然特征和人为利用状况。野外调查需要考察土地的地貌、植被、土壤、水资源、气象等要素，形成全面的土地资源调查数据。

2. 遥感技术

遥感技术通过卫星、飞机等遥感平台获取大范围、多时相的土地信息。遥感图像可以提供土地覆盖类型、变化趋势、植被状况等数据，为土地资源调查提供了高时空分辨率的信息，尤其在大面积和难以进入的地区具有显著优势。

3. GIS 技术

地理信息系统（GIS）是一种通过电子地图将不同空间数据进行整合、分析和展示的技术。GIS 技术结合地图、数据库和统计分析，使得土地资源的信息更直观、更易于管理。通过 GIS，可以实现土地资源的空间分析、决策支持等功能。

4.GPS 技术

全球定位系统（GPS）通过卫星定位技术，提供高精度的地理位置信息。在土地测量中，GPS 技术可用于获取土地边界、标定测量点位，为土地测量提供准确的空间坐标，提高测量数据的精度。

（三）土地资源调查与测量的意义与目的

1.提供科学依据

土地资源调查与测量为土地管理提供科学依据，通过获取真实、准确的土地数据，为制订土地规划、决策提供科学基础。科学的土地数据有助于政府、企事业单位更好地了解土地资源状况，为未来发展提供科学参考。

2.优化土地利用结构

通过对土地资源的调查，可以分析土地利用的现状和存在的问题，为优化土地利用结构提供依据。合理的土地利用结构有助于提高土地资源的利用效益，促进城乡经济社会的协调发展。

3.保障粮食安全

土地资源调查与测量对于确保粮食安全至关重要。通过了解土地的土壤质量、水资源分布等情况，可以科学规划农田，实现农业的高效生产，提高粮食产量，确保国家粮食供应的安全性。

4.保护生态环境

土地资源调查与测量有助于科学保护和恢复生态环境。通过对土地的植被、水资源、土壤等方面的调查，可以及时发现生态环境问题，采取有效措施进行保护，推动生态文明建设。

5.支持土地权属管理

土地资源调查与测量对土地权属管理至关重要。通过调查土地的所有权状况，可以建立健全的土地权属档案，防范土地纠纷，保障土地权属的合法性。

（四）土地资源调查与测量在不同领域的应用

1.城市规划与建设

在城市规划与建设中，土地资源调查与测量为确定城市用地、绿化布局、基础设施建设等提供科学基础。通过对城市范围内土地的详细测量，城市规划者可以更好地了解土地的地貌、土壤特征、水资源分布等情况，从而科学规划城市的用地结构，合理布局城市的各项设施，确保城市可持续发展。

2.农业生产与管理

在农业领域，土地资源调查与测量对于实现高效、可持续的农业生产至关重要。通过测量土地的土壤质量、水资源分布，农业管理者可以科学施肥、合理灌溉，提高农田的产能。同时，通过土地资源调查，可以制定农田的合理耕作制度，减轻土地的生态负担，促进农业的绿色发展。

3. 环境保护与生态恢复

土地资源调查与测量在环境保护与生态恢复中发挥着重要作用。通过遥感技术，可以监测土地覆被的变化，发现土地退化、沙漠化等问题。基于这些数据，可以采取相应的措施，进行生态修复，保护濒危物种的栖息地，推动生态系统的健康发展。

4. 土地用途变更审批

在土地管理中，土地用途变更审批是一个重要环节。土地资源调查与测量提供了土地用途变更所需的翔实数据，包括土地的自然特征、现状利用情况等。这为政府和相关单位提供了科学的依据，使土地用途变更更加合理、科学。

5. 自然资源管理

土地是自然资源的重要组成部分，土地资源调查与测量为自然资源的科学管理提供了数据支持。通过对土地的地貌、土壤质量、植被状况等进行综合测量，可以更好地了解自然资源的分布和状况，从而制定合理的自然资源保护和利用策略。

土地资源调查与测量是土地管理的基础工作，具有重要的科学意义和实际应用价值。通过先进技术的应用，数据整合与共享的推进，智能化决策支持系统的建设以及跨学科融合的努力，未来土地资源调查与测量将更加精准、科学、智能，为实现土地可持续利用和保护提供更有力的支持。

二、土地利用规划中的测绘技术

土地利用规划是国土资源管理的核心内容之一，通过对土地资源进行科学合理规划，实现土地的可持续利用和综合管理。在土地利用规划的制订过程中，测绘技术起着至关重要的作用。测绘技术通过获取土地的翔实数据，包括地形地貌、土地利用状况、资源分布等，为规划决策提供科学基础。本书将深入探讨土地利用规划中的测绘技术，包括其概念、方法以及应用。

（一）土地利用规划中的测绘技术概述

1. 测绘技术的定义

测绘技术是一门通过科学手段对地球上各种空间信息进行测量、记录、分析和表达的技术，以获取地球表面的几何、空间、属性等多维信息。测绘技术在土地利用规划中扮演着获取土地基础信息、揭示地理关系、支持规划决策的重要角色。

2. 土地利用规划中的测绘技术作用

在土地利用规划中，测绘技术主要有以下作用：

获取基础地理信息：测绘技术通过获取土地的地形、地貌、水系等基础地理信息，为规划者提供了土地资源的基础数据。

揭示土地利用现状：测绘技术可以通过遥感、GPS 等手段获取土地的现状信息，包括土地利用类型、用地分布等，为规划编制提供真实可靠的数据。

支持规划设计：测绘技术可以提供翔实的地理空间数据，为规划设计提供科学依据。规划者可以通过地理信息系统（GIS）等工具对测绘数据进行分析，制订出更为合理的土地利用规划方案。

监测规划实施：测绘技术可以用于规划实施的监测与评估，及时了解规划的实施效果，发现问题并进行调整。

（二）土地利用规划中的测绘技术方法

1. 遥感技术

遥感技术是一种通过卫星、飞机等遥感平台获取地球表面信息的技术手段。在土地利用规划中，遥感技术广泛应用于获取土地的空间分布、土地利用类型、植被状况等信息。卫星遥感图像具有全球范围、高时空分辨率的特点，可以提供大范围的土地信息，为规划提供全面的空间数据。

2.GPS 技术

全球定位系统（GPS）是一种通过卫星定位技术获取地球表面点位信息的技术。在土地利用规划中，GPS 技术用于获取地理位置信息，测定地物的空间坐标。规划者可以借助 GPS 技术准确勾绘土地界址、地物分布，提高土地数据精度。

3. 激光扫描技术

激光扫描技术是一种高精度的三维数据采集技术。在土地利用规划中，激光扫描技术可用于获取地物的三维形态信息，包括地形、建筑物高程等。这为规划者提供了真实的地形地貌数据，有助于规划设计的立体展示和精细分析。

4. 地理信息系统（GIS）

地理信息系统（GIS）是一种将地理信息进行集成、管理、分析和表达的信息系统。在土地利用规划中，GIS 可以整合多源数据，包括遥感图像、测绘数据、统计数据等，形成空间数据库。通过 GIS，规划者可以对土地利用现状进行全面分析，评估不同规划方案的可行性，支持规划设计的科学决策。

（三）土地利用规划中的测绘技术应用

1. 制订土地利用规划

测绘技术在土地利用规划的制订过程中发挥着关键作用。通过遥感技术获取土地的现状信息，通过 GPS 技术获取地理坐标，通过激光扫描技术获取三维形态信息，这些数据为规划者提供了全面、真实的土地信息。规划者可以在 GIS 平台上对这些数据进行整合和分析，制订出科学合理的土地利用规划。

2. 评估土地资源可行性

在土地资源可行性评估中，测绘技术为规划者提供了土地资源的翔实信息。通过遥感技术，可以分析土地的植被覆盖、土壤类型等，评估土地的生态环境状况。激光扫描技术提供的三维形态信息有助于评估土地的地形特征和适宜性。这些信息为规划者提供了在规划设计中充分考虑土地自然条件的基础。

3. 监测规划实施效果

测绘技术在规划实施的监测中起到关键作用。通过遥感技术，规划者可以定期获取土地利用的变化信息，了解规划实施的效果。GIS 系统可以实时更新土地数据库，帮助规划者了解土地资源的动态变化，及时调整规划策略。

4. 土地界址勘测

在土地利用规划中，土地界址的准确测绘是十分重要的。通过 GPS 技术，测绘人员可以精确获取土地边界的坐标信息，确保土地界址的准确性和可靠性，这有助于防范土地纠纷，保障土地权属的合法性。

5. 用于规划决策支持

测绘技术通过提供翔实的地理信息，为规划决策提供科学依据。GIS 系统能够进行空间分析，帮助规划者深入了解土地资源的分布特征、利用状况等，为制定规划政策、确定发展方向提供支持。这样的科学决策有助于提高规划的实效性和可行性。

土地利用规划中的测绘技术是实现科学、合理土地管理的关键环节。随着技术的不断进步和社会的发展，测绘技术在土地利用规划中的作用将变得更加重要。多源数据融合、空间大数据应用、三维地理信息系统的普及等趋势将进一步提升测绘技术的应用水平，使其更好地服务于土地规划与管理工作。

三、土地变更监测与规划调整

土地是人类社会发展的重要资源之一，其利用和变更关系到国家的经济、社会和环境发展。在城市化和经济发展过程中，土地变更成为一个不可避免的现象。土地变更监测与规划调整是保障土地可持续利用、维护生态平衡的关键环节。本书将深入探讨土地变更监测与规划调整的概念、意义、方法、过程与原则及其在可持续发展中的作用。

（一）土地变更监测与规划调整的概念与定义

1. 土地变更监测的概念

土地变更监测是指对土地利用、土地覆盖等方面进行系统监测和调查，以了解土地利用变化的过程、原因和影响。通过土地变更监测，可以全面掌握土地资源的动态变化，为制订合理的规划提供科学依据。

2. 规划调整的概念

规划调整是指在规划实施过程中，对原有规划进行修改、优化或调整，以适应新的社会、经济、环境等发展变化。规划调整的目的是确保规划的适应性和有效性，使其更好地服务于城市与社会的可持续发展。

（二）土地变更监测的意义与方法

1. 意义

（1）保障土地资源可持续利用

土地变更监测可以帮助监测土地资源的利用情况，及时发现土地的过度开发、恶性开发等问题，有助于保障土地资源的可持续利用，防止过度耗损。

（2）防范土地利用冲突

通过对土地变更的监测，可以及时发现土地使用存在的矛盾和冲突，采取措施加以调解和解决，防范土地利用冲突的发生，维护社会的稳定。

（3）促进生态平衡

土地变更监测有助于了解土地利用对生态环境的影响，通过规划调整，可以合理引导土地利用，减轻生态环境的压力，促进生态平衡的维护和恢复。

2. 方法

（1）遥感技术

遥感技术是土地变更监测的重要手段之一。通过卫星、航空器等遥感平台获取的影像数据，可以提供大范围、高分辨率的土地信息。遥感技术能够监测土地覆盖变化、城市扩张、农田变化等情况，为土地变更监测提供可靠的数据基础。

（2）地理信息系统（GIS）

地理信息系统（GIS）是将地理空间信息进行集成、管理、分析和表达的系统。通过 GIS 技术，可以对遥感数据进行空间分析，实现土地利用变更的动态监测。GIS 还能够整合各种土地相关数据，为规划调整提供科学依据。

（3）野外调查与测量

野外调查与测量是获取土地翔实信息的传统方法。通过实地勘查，获取土地的地形、地貌、土壤、水资源等信息。这些实地数据有助于验证遥感数据的准确性，提供更为全面的土地变更监测信息。

（4）统计数据分析

统计数据分析是对土地利用变更进行定量分析的一种方法。通过搜集和分析人口、经济、土地利用等方面的统计数据，可以揭示土地变更的驱动因素和趋势，为规划调整提供科学依据。

（三）规划调整的过程与原则

1. 规划调整的过程

（1）问题诊断

对现有规划进行全面的问题诊断，分析规划实施过程中存在的问题和挑战，明确规划调整的必要性。

（2）目标设定

根据问题诊断的结果，设定规划调整的目标。

（3）数据分析

收集相关数据，包括土地利用数据、环境数据、社会经济数据等，进行详尽的数据分析。通过数据分析，了解土地变更的趋势、原因和影响，为规划调整提供科学支持。

（4）制订调整方案

基于问题诊断和数据分析的结果，制订规划调整的方案。调整方案应综合考虑土地资源利用、生态环境保护、社会经济发展等因素，确保规划调整的科学性和可行性。

（5）公众参与与沟通

在规划调整的过程中，进行公众参与和沟通，征集社会各界的意见和建议。充分考虑公众的需求和利益，增加规划调整的透明度和可接受性。

（6）实施与监测

根据制订的规划调整方案，逐步实施调整措施，并进行监测。通过监测，及时了解调整方案的实施效果，发现问题并进行调整。

2. 规划调整的原则

（1）可持续发展原则

规划调整应遵循可持续发展的原则，即在满足当前需求的基础上，不损害子孙后代的发展需求。通过合理规划土地利用，保护生态环境，实现经济、社会和环境的协调发展。

（2）公平公正原则

规划调整应遵循公平公正的原则，充分考虑不同群体的利益，确保规划调整的过程公正透明，各方利益得到合理平衡。

（3）法治原则

规划调整应遵循法治原则，依法进行规划调整，确保规划的合法性和稳定性。法治原则有助于提高规划调整的合规性和可操作性。

（4）综合协调原则

规划调整应遵循综合协调的原则，综合考虑土地资源利用、环境保护、社会经济发展等多个方面的因素，制订综合性的调整方案。

（5）参与民主原则

规划调整应遵循参与民主的原则，通过广泛征集社会各界的意见和建议，增强规划调整的合法性和社会支持度。

土地变更监测与规划调整是实现土地资源可持续利用和城乡发展协调的重要手段。通过先进的监测技术和科学的规划调整，可以有效应对土地利用中的问题和挑战，推动社会经济的可持续发展。未来，随着技术进步和社会需求的不断变化，土地变更监测与规划调整将在可持续发展的道路上发挥着更为重要的作用。

第三节　高速公路与交通工程设计中的测量

一、高速公路设计前的地形测量

在高速公路设计的初期阶段，地形测量是至关重要的一步。地形测量的准确性和全面性对于设计的合理性、施工的顺利进行以及后期运维的有效性都具有决定性影响。本书将探讨高速公路设计前的地形测量的概念、方法、意义以及未来的发展趋势。

（一）高速公路设计前地形测量的概述

1.地形测量的定义

地形测量是通过一系列测量方法获取地表形状和地物分布等自然地理特征的过程。在高速公路设计前，地形测量主要关注地表的高程、坡度、曲率等地形特征，以及地表上的建筑、水体等要素。

2.地形测量的基本任务

获取地表形状信息：包括地表高程、坡度、起伏等特征。

采集地物分布信息：包括道路、建筑、水体等地物的位置和形状。

分析地形特征：通过地形测量数据进行分析，形成地形图、剖面图等。

提供设计依据：地形测量数据为道路设计、交叉口布局等提供基础信息。

（二）高速公路设计前地形测量的方法

1.传统测量方法

（1）实地测量

实地测量是最传统、直接的方法之一，通过工程测量仪器（如水准仪、全站仪等）在实地进行测量。这种方法精度较高，但费时费力，适用于小范围、要求高精度的地形测量。

（2）针对性测绘

利用地形图、航空影像等现有地理信息，结合实地勘察，对特定区域进行详细的测绘。这种方法适用于地形变化缓慢、要求中等精度的区域。

2. 现代遥感技术

（1）航空摄影测量

通过飞机搭载相机拍摄航空照片，再通过测量技术获取地形信息。航空摄影测量具有高效、广泛覆盖的特点，适用于大范围的地形测量。

（2）高分辨率卫星影像

利用高分辨率卫星影像进行地形测量，可获取较为精细的地表信息。这种方法覆盖范围广，且获取的影像分辨率高，适用中等规模的地形测量。

3. 激光雷达技术

（1）激光测距

激光雷达通过发射激光束并测量其返回时间，计算目标点的距离。激光测距具有高精度、高效率的特点，广泛应用于地形测量领域。

（2）激光扫描

激光扫描通过旋转的激光束获取地表的三维信息。这种方法适用于需要获取建筑物等复杂地物的地形测量。

（三）高速公路设计前地形测量的意义

1. 提供精准的地形数据

高速公路设计需要精准的地形数据作为基础，以确保设计的合理性和准确性。地形测量提供了地表高程、坡度、地物分布等关键数据，为设计提供了精准的基础信息。

2. 辅助设计决策

地形测量不仅提供基础数据，还通过地形图、剖面图等方式展现地形特征。这有助于设计人员更好地了解地形，辅助决策，提高设计的科学性。

3. 避免工程风险

在地形不熟悉的区域进行设计，容易出现工程风险。通过地形测量，可以提前了解地形的特征，避免在设计、施工过程中因地形问题导致的风险。

4. 保障施工的顺利进行

地形测量提供了施工所需的地形信息，有助于合理规划施工工艺、降低施工难度，保障施工顺利进行。

5. 为后期运维提供支持

高速公路建成后，需要进行运维工作。地形测量提供的地理信息数据为后期的巡检、维护等运维工作提供了支持。

（四）高速公路设计前地形测量的未来趋势

1. 全球导航卫星系统的发展

全球导航卫星系统（GNSS）如北斗、GPS 等的发展将提高地形测量的定位精度。高精度导航卫星系统的使用将成为地形测量的主流方法之一，为设计提供更为准确的空间信息。

2. 人工智能在地形测量中的应用

随着人工智能技术的不断发展，其在地形测量中的应用将成为一个重要趋势。机器学习算法能够从大量数据中学习地形特征，提高地形测量的自动化水平，减少人为误差。

3. 高精度激光雷达技术的推广

激光雷达技术的不断创新和发展将推动地形测量的精度和效率提升。高精度激光雷达的广泛应用可以获取更为详细和精准的地形数据，为设计和规划提供更为可靠的支持。

4. 多源数据融合技术

多源数据融合技术将不同来源的地形数据整合在一起，提高地形测量的全面性和准确性。结合卫星影像、激光雷达数据等多源数据，可以更全面地了解地表特征。

5. 实时测绘技术的应用

实时测绘技术的应用将使地形测量的速度大幅提升。通过实时获取地形信息，设计人员可以更迅速地作出决策，提高设计效率。

6. 区块链技术的应用

区块链技术的去中心化、不可篡改等特性，有助于确保地形测量数据的可信度和安全性。这将为地形测量的数据管理和共享提供更为可靠的技术支持。

高速公路设计前的地形测量是确保设计、施工、运维全过程有效进行的基础工作。随着技术的不断创新和社会需求的增加，地形测量将迎来更多的机遇和挑战。通过不断提升技术水平，推动人才培养，加强法规建设，地形测量将更好地为高速公路建设和管理提供支持，推动交通基础设施的可持续发展。

二、交通流量测量与道路设计

交通流量测量是道路设计中至关重要的一环，它为设计者提供了关于道路使用情况和交通流动特征的关键信息。精准的交通流量数据是道路设计、改建以及交通管理决策的基础，对于确保道路安全、提高交通效率至关重要。本书将探讨交通流量测量的概念、方法，以及如何将测量结果应用于道路设计的决策过程。

（一）交通流量测量的概念

1. 交通流量的定义

交通流量是指单位时间内通过某一点或某一路段的车辆数量，通常以车辆数／小时为单位。交通流量是反映道路使用强度和交通拥堵状况的重要指标，对于道路规划和设计具有重要的参考价值。

2.交通流量测量的目的

道路规划与设计：提供基础数据，确保道路设计能够适应未来交通需求，减缓交通拥堵。

交通管理与控制：实时监测交通流量，为交通信号灯、交叉口优化等交通管理决策提供支持。

交通安全评估：通过分析事故发生率和交通流量关系，评估道路的交通安全性。

（二）交通流量测量的方法

1.传感器技术

（1）道路感应器

通过在道路表面安装感应线圈、红外线传感器等，实时监测通过车辆的数量和速度。这是一种常见的交通流量测量方法，适用于各种交叉口和道路类型。

（2）摄像头技术

通过安装摄像头对交叉口或道路进行视频监控，然后利用图像处理技术识别和统计经过车辆的数量。这种方法能够提供更为详细的交通信息，但对于大范围的监测需要更多设备。

2.无线通信技术

（1）车载通信设备

通过在车辆上安装 GPS 设备、蓝牙设备等，采集车辆的位置信息，进而推算交通流量。这种方法适用于实时监测和大范围的交通流量研究。

（2）移动网络数据

利用移动网络数据，通过手机信令数据分析车辆的移动情况，实现对交通流量的测量。这种方法具有较高的实时性，但对于隐私保护有一定挑战。

3.人工调查与手动计数

（1）人工调查

通过人工观察和记录经过车辆的数量和类型，这种方法适用于小范围、短时间内的交通流量测量，但工作量较大，且易受主观因素影响。

（2）手动计数器

工作人员使用手动计数器，对经过道路或交叉口的车辆进行计数。这是一种简便但效率较低的方法，适用于人流不密集的情况。

（三）交通流量测量在道路设计中的应用

1. 道路设计参数的确定

通过对交通流量的测量，设计者可以获取道路的繁忙程度、高峰时段的流量峰值等信息，从而确定设计参数，确保道路满足未来交通需求。

2. 交叉口设计与信号灯控制

交叉口的设计需要考虑到交叉车流量的变化，通过交通流量测量数据，设计者可以确定合理的交叉口类型和信号灯控制方案，提高交叉口的通行效率。

3. 道路改建与扩建

交通流量测量为道路改建和扩建提供了依据。通过分析流量数据，设计者可以判断道路的瓶颈位置，提出合理的改建方案，以提高道路的通行能力。

4. 交通模型建设与仿真

基于交通流量数据建立交通模型，通过仿真分析不同设计方案对交通流量的影响，这有助于设计者在规划初期阶段评估各种设计方案的可行性。

交通流量测量与道路设计密切相关，是确保道路系统安全、高效运行的基础。随着技术的不断创新和社会的发展，未来交通流量测量将更加智能、精准。解决面临的挑战，如隐私问题、数据质量问题等，需要技术、管理、法规等多方面的综合努力。通过引入新技术、建立科学的监测体系，可以更好地应对未来交通流量测量与道路设计的需求，为城市交通系统的可持续发展提供强有力的支持。

三、道路交叉口与标志标线测量

道路交叉口是道路系统中的关键组成部分，其设计和管理对于确保道路交通的安全与流畅至关重要。与此同时，标志标线作为交通管理的重要元素，直接影响驾驶员的行为和道路通行的秩序。因此，对道路交叉口和标志标线的测量成为保障交通系统正常运行的重要环节。本书将深入探讨道路交叉口与标志标线测量的概念、方法、在道路设计与管理中的应用。

（一）道路交叉口测量

1. 道路交叉口的定义

道路交叉口是道路系统中两条或多条道路相交的地方。交叉口的类型多种多样，包括十字路口、环形交叉口、T形交叉口等，每种类型的交叉口都有其独特的特点和设计要求。

2. 道路交叉口测量的目的

安全评估：通过对交叉口的测量，评估交叉口的安全性，发现潜在的安全隐患。

交叉口类型确定：确定交叉口的类型，为后续设计提供基础数据。

通行能力评估：分析交叉口的通行能力，确定是否需要进行改建或扩建。

道路规划：为新建或改建道路提供合理的交叉口布局方案。

3. 道路交叉口测量的方法

（1）实地测量

通过在交叉口进行实地测量，使用全站仪、GPS 等测量工具获取交叉口的地理位置、道路宽度、弯曲半径等参数。这是一种精度较高的测量方法，适用于小范围和特殊形状的交叉口。

（2）航空影像测量

利用航拍影像获取交叉口的布局和形状信息。这种方法适用于大范围的交叉口，能够提供全局视角，但对于细节的测量精度相对较低。

（3）摄像头监测

在交叉口安装摄像头，通过图像识别和处理技术获取交叉口的实时信息。这种方法适用于实时监测和短期交叉口流量研究。

（二）标志标线测量

1. 标志标线的定义

标志是指示交通规则、警示危险或引导行车方向的道路设施，而标线则是通过在道路表面划定线条和标记，来指导车辆行驶和交叉口交通流动的一种交通设施。

2. 标志标线测量的目的

交通规则遵守：通过测量标志标线的位置和形状，确保符合交通规则和标准，引导驾驶员正确行驶。

提高交通流动性：合理设置标志标线，能够提高道路通行的流动性，减少拥堵和交通事故的发生。

道路改建设计：在道路改建和设计中，通过对标志标线的测量，制订合理的交通指导方案，提升道路通行效率。

3. 标志标线测量的方法

（1）实地测量

通过人工在道路上实地测量标线的位置、长度、宽度等参数。这种方法适用于小范围和复杂环境的标志标线测量，但工作效率相对较低。

（2）摄像头监测

利用摄像头进行道路监测，通过图像处理技术提取标志标线的信息。这种方法适用于实时监测和大范围的标志标线测量，能够在短时间内获取全面的标线信息。

（3）高精度激光雷达技术

激光雷达技术能够实现对道路表面的高精度测量，包括标志标线的位置、高度等参数，这种方法适用于需要高精度标志标线数据的道路设计和交通管理。

（4）无人机技术

利用无人机进行航拍，通过图像处理算法识别和测量标志标线的位置和形状。无人机技术适用于大范围的标志标线测量，可以提供高分辨率的影像数据。

（三）道路交叉口与标志标线测量在道路设计中的应用

1. 交叉口设计与优化

通过对道路交叉口的测量，设计者可以获取交叉口的实际布局和流量情况，进而进行合理的设计和优化。根据测量结果，调整交叉口的车道设置、信号灯配时等，以提高交叉口的通行能力和安全性。

2. 标志标线合理设置

测量标志标线的位置和形状，有助于合理设置标志标线，引导驾驶员正确行驶，减少交通事故的发生。在道路设计中，根据测量数据进行标志标线的规划，提高道路通行的顺畅性。

3. 交通流量研究

通过测量道路交叉口的交通流量，设计者可以分析交叉口的通行能力、拥堵情况等，为道路设计提供科学的依据。在改建或新建道路时，通过流量研究，确定合理的车道数和交叉口类型，以提高道路整体的通行效率。

4. 交叉口信号控制

测量交叉口的车辆流量和行人流量，为信号控制提供依据。通过交叉口测量数据，合理设置信号灯的配时，保障交叉口的通行顺畅和安全。

5. 道路改建与扩建规划

在道路改建与扩建规划中，对道路交叉口和标志标线进行测量，有助于制订合理的改建方案。通过综合考虑交叉口布局、标志标线设置等因素，提高道路的整体运行效果。

道路交叉口与标志标线的测量是道路设计与交通管理中的关键环节。随着科技的不断发展，新一代的测量技术将为道路设计和管理提供更多可能性。然而，伴随着新技术的引入，也带来了一系列挑战，包括隐私问题、数据管理、成本等。在未来发展中，需要综合运用先进的测量技术，制定严格的数据管理政策，保障道路使用者的安全和隐私，以实现道路系统的安全、高效运行。通过不断创新和合理应用新技术，将道路交叉口与标志标线的测量推向更高水平，为城市交通的可持续发展提供坚实的基础。

第四节　水利工程设计与测量技术

一、水文测量与水资源调查

水文测量与水资源调查是水文学领域中的两个关键概念，它们涉及对水文特征和水资源状况的深入研究。水文测量主要包括对水文要素（如水位、流量、降水等）的测定，而水资源调查则更加广泛，涵盖了水资源的分布、利用、管理等多个方面。本书将深入探讨水文测量与水资源调查的概念、方法、在水资源管理中的应用。

（一）水文测量

1. 水文测量的定义

水文测量是指对自然水体和水文系统中各种水文要素进行定量测定的过程。水文要素包括但不限于水位、流量、降水、蒸发等，通过测量这些要素，可以全面了解水文系统的运行状况。

2. 水文测量的目的

水文过程研究：通过对水文要素的测量，了解水文循环过程，包括降水、地表径流、蒸发蓄水等。

水文模型验证：提供实测数据，验证和改进水文模型，增加水文预测的准确性。

水资源管理：为科学合理地管理水资源提供依据，包括水资源的分配、利用和保护。

3. 水文测量的方法

（1）水位测量

利用水位测量仪器，如浮子式水位计、压阻水位计等，测量水体的高程。水位变化可以反映河流、湖泊等水体的水量变化。

（2）流量测量

通过水流测速仪、流速计等工具，测量水体流经特定断面的流速，结合断面横截面积计算出流量。流量测量是水文测量中的重要环节，对于河流、河川的管理和规划至关重要。

（3）降水测量

使用雨量计、雨量表等设备，测量降水量。降水测量对于水文循环的研究以及旱涝灾害的预测都具有重要意义。

（4）蒸发测量

通过蒸发皿、蒸发计等设备，测量单位时间内水面蒸发的量。蒸发测量与水文循环、水体蒸发蓄水有关，对于水资源管理和水库调度具有指导作用。

（二）水资源调查

1.水资源调查的定义

水资源调查是对一定区域内水资源状况进行系统研究和评价的过程。水资源调查的范围涉及自然水体、地下水、土地利用、水生态系统等多个方面。

2.水资源调查的目的

水资源分布与利用状况：了解水资源的空间分布和当前利用状况，为科学规划和合理利用水资源提供依据。

水质状况评估：对水体的水质进行监测和评估，了解水体的净化能力，预防水质恶化。

水资源管理决策：为政府和相关部门提供水资源管理的科学依据，制定合理的水资源管理政策。

3.水资源调查的方法

（1）地面水体调查

通过野外实地考察，了解河流、湖泊、水库等地面水体的形态、分布、水量等特征。这包括水体的水质状况、水源涵养能力等。

（2）地下水调查

通过钻孔、井口观测等方式，获取地下水的水位、水质、水文特征等信息。地下水是重要的深层水资源，其调查对于合理开发和管理至关重要。

（3）水生态系统调查

研究水体中的生态系统，包括水生动植物的种类、数量、分布等。水生态系统调查有助于了解水体健康状况，指导生态保护和修复。

（4）水资源遥感调查

通过卫星遥感和航空遥感技术，获取大范围、高分辨率的水资源信息，包括水体分布、植被覆盖等。这种方法能够在较短时间内获取大量数据，对于广泛区域的水资源调查具有显著优势。

（三）水文测量与水资源调查在水资源管理中的应用

1.水文测量在水资源管理中的应用

（1）水文循环研究

水文测量提供了对降水、蒸发、地表径流等水文要素的实时数据，为水文循环研究提供了基础。通过对水文循环过程的深入了解，水资源管理者可以更好地应对气候变化、洪涝和干旱等极端气象事件。

（2）水库和水电站调度

流量测量是水库和水电站管理中的重要环节。通过对入库和出库流量的测量，水库调度员可以更准确地掌握水库蓄水量，合理调度水流，以保障供水、发电等用水需求。

（3）洪水预测与防范

水文测量在洪水预测和防范中扮演关键角色。通过对流域内的降水和流量进行实时监测，可以提前预警洪水风险，采取紧急措施，减轻洪灾损失。

2. 水资源调查在水资源管理中的应用

（1）水资源规划与管理

水资源调查提供了水资源的详细分布、供需状况等信息，为水资源规划和管理提供科学依据。通过对水资源进行调查，可以合理分配水资源，确保各个领域的用水需求得到满足。

（2）水质监测与环境保护

水资源调查涉及对水质的监测与评估，帮助发现水体污染源、评估水质状况，采取相应的环境保护措施，对于维护水体健康和保护水生态系统至关重要。

（3）地下水资源开发与管理

地下水调查为地下水资源的开发与管理提供了基础数据。通过了解地下水的水位、水质、补给补给状况等，可以科学规划地下水的开采和管理，防止地下水资源的过度开发。

（4）生态系统保护与恢复

水资源调查中的水生态系统调查有助于发现水体的生态问题，指导生态系统的保护和修复。通过调查水生生物的种类、数量和分布，可以评估水体的生态健康状况，制定合理的生态保护措施。

水文测量与水资源调查是实现水资源科学管理的基础和关键。通过对水文要素的准确测量和水资源状况的深入调查，我们能够更好地了解水文过程、水资源分布和利用的现状。水资源管理者可以基于这些数据制定科学的水资源管理策略，保障水资源的可持续利用，降低自然灾害风险，维护生态环境的健康。

未来，随着技术的不断进步和全球性挑战的增多，水文测量与水资源调查将面临更大的压力和更多的机遇。通过应用先进技术、大数据和人工智能，我们有望更全面、准确地了解水资源的动态变化，实现对水资源的更加精细化管理。同时，跨学科合作和国际合作也将成为推动水资源管理领域发展的关键力量。

二、水利工程中的水文测量

水文测量是水利工程中至关重要的一项工作，它涉及对水文要素的系统监测和测定，为水利工程的设计、建设和管理提供了基础数据。水文测量在水利工程中的应用广泛，涵盖了水位、流量、降水等多个方面，为工程的安全运行、水资源管理和洪水预测等提供了重要依据。本书将深入探讨水利工程中水文测量的概念、目的、方法，以及在水利工程中的应用。

（一）水文测量的概念

水文测量是指对自然水体和水文系统中各种水文要素进行定量测定的过程。水文要素包括但不限于水位、流量、降水、蒸发等，通过测量这些要素，可以全面了解水文系统的运行状况。在水利工程中，水文测量是一项基础性工作，为工程设计、运行管理提供了必要的数据支持。

（二）水文测量的目的

水文测量的目的主要包括以下几个方面。

1.水文过程研究

通过对水文要素的实时监测，了解水文过程的变化规律，包括降水、地表径流、蒸发蓄水等，这有助于科学理解自然水文系统的运行机制，为水利工程的设计提供科学依据。

2.水文模型验证

水文测量可以提供实测数据，验证和改进水文模型，增加水文预测的准确性。水文模型是预测未来水文变化的工具，通过与实测数据对比，不断优化模型参数，提高模型的可靠性。

3.水资源管理

水文测量为水资源的科学管理提供了基础数据。水位和流量数据是水资源管理的重要依据，通过对水文数据的分析，可以制订合理的水资源利用计划，确保水资源的可持续开发和利用。

4.洪水预测与防范

流量测量是洪水预测的基础。通过对河流、河川的流量实时监测，可以提前预警洪水风险，采取紧急措施，减轻洪灾损失。水文测量在洪水防范中具有不可替代的作用。

（三）水文测量的方法

水文测量涉及多种方法，常用的水文测量方法主要包括水位测量、流量测量、降水测量和蒸发测量等。

1.水位测量

水位测量是测定水体高程的过程。常用的水位测量仪器有浮子式水位计、压阻水位计等。通过定期对水位进行测量，可以掌握水体的变化趋势，监测水位的升降。

2.流量测量

流量测量是测量水体流经特定断面的流速，通过流速与断面横截面积的乘积计算出流量。流量测量方法包括流速计、水流测速仪等。流量测量是水利工程中的关键环节，对于河流、水库等的管理和规划至关重要。

3. 降水测量

降水测量是测定降水量的过程。常用的降水测量仪器有雨量计、雨量表等。通过定期对降水量进行测量，可以了解降水的时空分布，为水资源管理提供参考。

4. 蒸发测量

蒸发测量是测量单位时间内水面蒸发的量。常用的蒸发测量仪器有蒸发皿、蒸发计等。蒸发测量与水文循环、水体蒸发蓄水有关，对于水库调度和水资源管理具有指导作用。

（四）水文测量在水利工程中的应用

水文测量在水利工程中有广泛的应用，主要体现在以下几个方面。

1. 水库调度

水文测量是水库调度的基础。通过实时监测水库入库和出库的流量，水库调度员可以精确掌握水库蓄水量，及时调整水流，保障供水、发电等用水需求。水文测量为水库的安全运行提供了可靠的数据支持。

2. 河流管理

对河流的水位和流量进行定期测量，有助于了解河流的水文状况，为河流的治理和管理提供科学依据。水文测量在河流管理中有助于提前预警洪涝风险，协助制订河流的流域规划，确保河流的生态环境和水文平衡。

3. 水电站运行

水文测量在水电站运行中具有重要作用。通过对水流的流量和水位进行测量，水电站可以实时掌握水资源的变化，调整发电机组的运行，提高水电站的发电效率。水文测量对于水电站的优化调度和经济运行至关重要。

4. 洪水预测与防洪工程设计

水文测量是洪水预测和防洪工程设计的基础。通过实时监测降水和河流流量，可以提前预警洪水风险，启动防洪措施，减轻洪灾损失。水文测量数据也是进行洪水频率分析、设计洪水位的重要依据，为防洪工程的设计提供科学依据。

5. 水资源管理和规划

水文测量提供了水文要素的丰富数据，为水资源管理和规划提供了科学依据。通过对流域内水文状况的监测，可以科学规划水资源的开发和利用，保障各类用水需求，维护水体的生态平衡。水文测量在水资源管理中有助于提高水资源利用的效益和可持续性。

水文测量在水利工程中扮演着不可或缺的角色，为工程的设计、运行管理以及水资源管理提供了关键的数据支持。水文测量通过对水文要素的准确测量，实现了对水文系统的全面监测，为科学决策提供了重要依据。

三、水文模型构建与工程设计

水文模型是对自然水文过程的数学描述，通过对降水、蒸发、径流等要素进行模拟，为工程设计提供科学依据。水文模型的构建是水资源管理、洪水防治和水利工程规划设计中的关键环节。本书将深入探讨水文模型的概念、构建方法、应用领域以及在水利工程设计中的重要性。

（一）水文模型的概念

水文模型是通过对水文要素进行数学建模，模拟自然水文过程的工具。水文要素包括降水、蒸发、地表径流、地下径流等，水文模型通过数学方程表达这些要素之间的关系，以模拟水文过程的变化。水文模型的构建涉及对流域特征的了解、数据的采集与处理、模型参数的确定等多个方面。

（二）水文模型的构建方法

1. 物理模型

物理模型是基于对水文过程物理机制的深入理解而构建的模型。这类模型通过对流域的水文特征、土壤性质、地形等进行详细建模，采用物理方程来描述水文过程。常见的物理模型有 Soil and Water Assessment Tool (SWAT)、Hydrological Simulation Program-FORTRAN (HSPF) 等。物理模型的优势在于能够真实地反映流域的物理特征，但需要大量参数和数据支持，建模复杂度高。

2. 统计模型

统计模型是通过对历史水文数据的统计分析而构建的模型。这类模型通过对降水、径流等数据的趋势和关联性进行统计分析，建立统计关系来模拟水文过程。常见的统计模型有线性回归、ARIMA 模型等。统计模型的优势在于简单易用，但对于非线性、非稳态的水文过程表现较弱。

3. 概念 ual 模型

概念 ual 模型是基于对流域水文过程的概念性认识而构建的模型。这类模型通过对水文过程的主要影响因素和机制进行抽象，建立简化的概念模型。Nash 模型和 Tank 模型是典型的概念 ual 模型。概念 ual 模型适用于对流域整体特征的初步分析，但对于复杂流域和变化剧烈的情况可能表现不足。

4. 数据驱动模型

数据驱动模型是通过对大量水文数据进行训练而构建的模型。这类模型通常基于机器学习算法，如人工神经网络、支持向量机等。数据驱动模型无须过多关于水文过程物理机制的先验知识，可以通过大量的实测数据学习水文过程的复杂关系。然而，数据驱动模型对数据质量和数量要求较高，且缺乏物理解释。

（三）水文模型的应用领域

1.洪水预测与防范

水文模型在洪水预测与防范方面发挥着重要作用。通过模拟降水、融雪、地表径流等过程，水文模型能够提前预测洪水的发生时间、地点和强度。这为相关部门采取防洪措施、疏散人员、调度水库等提供了及时的预警信息。

2.水资源管理与规划

水文模型在水资源管理与规划中的应用较为广泛。通过模拟流域内的水文过程，水文模型可为水资源的合理分配、水库调度、灌溉计划等提供科学依据。对于水资源短缺或过剩区域，水文模型能够帮助决策者更好地制定水资源管理策略。

3.水利工程设计

水文模型在水利工程设计中是不可或缺的工具。在设计水库、水电站、河道治理等工程时，需要对流域内的水文过程进行深入了解。水文模型能够帮助工程师模拟不同设计方案下的水文变化，评估工程对流域水文的影响，为工程设计提供科学依据。

4.气候变化研究

水文模型也被广泛应用于气候变化研究。随着全球气候的变化，降水模式、蒸发蓄水等水文过程也发生着变化。通过构建水文模型，研究人员可以模拟气候变化对流域水文的影响，为未来水资源管理和工程设计提供参考。

（四）水文模型在工程设计中的重要性

1.规遍历具有权威性

在水利工程设计中，规遍历是水文模型的首要任务。通过对流域内水文要素进行测定和分析，水文模型能够为工程设计提供规遍历的基础数据。规遍历包括降水、蒸发、地表径流等多个水文要素的详细统计和描述，为工程设计提供了准确的输入参数。

2.洪水频率分析

洪水频率分析是水文模型在工程设计中的一项重要应用。通过对历史洪水数据的分析，水文模型可以估算不同频率下的洪水流量，如百年一遇洪水、千年一遇洪水等。这些信息对于工程设计的防洪标准和设施设计具有重要指导意义。

3.水库调度和水能利用

在水库调度和水能利用方面，水文模型对于模拟水库蓄水、流量调度以及水电站的发电效益有着重要作用。通过对流域内水文过程的模拟，水文模型可以帮助优化水库调度方案，提高水能的利用效率，确保水资源的有效利用。

4.河道治理和生态恢复

对于河道治理和生态恢复项目，水文模型可以用于模拟流域内的水文过程，评估河道的水量、水质变化，为生态系统的保护和恢复提供科学依据。水文模型在河道工程设计中可以指导合理的河道整治方案，以提高河道生态系统的稳定性。

5. 工程影响评估

在工程设计过程中，水文模型能够帮助评估工程对流域水文的影响。通过模拟不同设计方案下的水文变化，工程师可以全面了解工程可能带来的水文效应，从而更好地优化设计方案，减缓工程对自然环境的影响。

水文模型的构建与应用是水利工程设计的重要环节，直接影响工程的安全性、经济性和环境可持续性。通过物理模型、统计模型、概念 ual 模型和数据驱动模型等多种构建方法，水文模型能够全面模拟流域内的水文过程。

水文模型在洪水预测与防范、水资源管理与规划、水利工程设计、气候变化研究等多个领域发挥着不可替代的作用。工程设计中，水文模型通过提供规遍历、进行洪水频率分析、支持水库调度、评估工程影响等方面发挥着重要的指导作用。

未来，水文模型的发展需要解决不确定性和精度问题，应对数据获取的困难，实现跨尺度和多尺度的模拟，应对全球气候变化的挑战，融合先进技术的发展。通过不断创新和研究，水文模型将为更加科学、可持续的水利工程设计提供强有力的支持。

第五节　建筑结构设计中的测量与分析

一、结构形变与建筑物监测

结构形变是指建筑物或其他工程结构由于外部荷载、温度、湿度等因素而引起的形状、尺寸或变形的变化。在建筑工程中，结构形变监测是一项关键工作，旨在及时发现结构的异常变化，确保建筑物的安全性和稳定性。本书将深入探讨结构形变的概念、结构形变监测的重要性、监测方法、应用领域。

（一）结构形变的概念

结构形变是指建筑物或其他工程结构由于外部作用力、温度、湿度等因素引起的变形或形状改变。这种形变可能是短暂的，也可能是逐渐发展的。结构形变通常包括线性变形（如伸缩、挠曲）和非线性变形（如扭曲、翻转），其性质和程度取决于结构的材料、设计、施工质量以及外部环境等因素。

（二）结构形变监测的重要性

1. 安全性保障

结构形变监测是确保建筑物安全的一项重要手段。通过实时监测结构形变，工程人员可以及时发现潜在的结构问题，采取预防性措施，防止结构的进一步恶化，从而保障人员和财产的安全。

2. 建筑物健康状态评估

结构形变监测可用于评估建筑物的健康状态。通过分析结构的变形情况，工程师可以了解结构的使用寿命、结构材料的老化程度，为维护和修复提供科学依据，延长建筑物的寿命。

3. 灾害防范与应急响应

结构形变监测在灾害防范和应急响应中发挥着重要作用。在自然灾害如地震、风灾发生时，结构形变的监测可以及时发现建筑物受损情况，为紧急疏散和灾后恢复提供有力支持。

4. 工程质量监控

在建筑工程施工过程中，结构形变监测有助于监控工程质量。通过实时监测结构的变形，可以及时发现施工质量问题，确保建筑物按照设计要求进行施工，避免工程质量出现问题。

（三）结构形变监测的方法

1. 传统测量方法

测量仪器：传统的结构形变监测方法包括使用各种测量仪器，如水准仪、经纬仪、全站仪等，对建筑物的各个部位进行定点测量，通过比对数据来分析结构的变形情况。

拉线法：通过拉设测量基准线，然后通过测量目标点到基准线的距离变化来判断结构的形变情况。

2. 高新技术测量方法

全球定位系统（GPS）：GPS 技术通过卫星定位系统，能够实现对建筑物或结构物在空间位置的实时监测，具有高精度、远距离的优势。

激光测距仪：利用激光测距原理，可以实现对建筑物各点的精准测量，帮助获取结构形变的精确数据，尤其适用于大范围和高精度的监测。

应变计与传感器：在结构的关键部位安装应变计或其他传感器，通过测量变形区域的应变值或位移来获取结构形变信息。这些传感器可以是电阻应变计、光纤传感器、超声波传感器等。

监测卫星技术：利用卫星遥感技术进行结构形变监测，通过卫星拍摄的影像数据进行分析，可以获取大范围、全局的结构形变信息，特别适用于地质灾害监测和大范围的城市建筑物监测。

3. 结构健康监测系统

结构健康监测系统是一种综合运用传感器技术、通信技术和数据处理技术的系统。该系统可以实时采集结构形变数据，并通过云计算、物联网等技术将数据传输至监测中心，通过专业软件对结构的健康状况进行分析和评估。这种系统具有实时性强、自动化程度高的优势，广泛应用于大型桥梁、高楼大厦、隧道等建筑工程中。

（四）结构形变监测的应用领域

1. 桥梁监测

桥梁是结构形变监测的典型对象之一。通过在桥梁的关键位置安装传感器，可以实时监测桥梁的变形、位移等情况，及时发现潜在的结构问题，确保桥梁安全运行。

2. 建筑物监测

高楼大厦、地下建筑等建筑物的安全性直接关系到大量人员的生命财产安全。结构形变监测可以帮助监测建筑物的整体稳定性，为地震、台风等自然灾害的应急响应提供重要数据。

3. 隧道监测

在地下工程中，隧道是一个特殊的结构形式。通过在隧道内部和地表上设置合适的传感器，可以监测隧道的沉降、位移等变形情况，确保隧道的稳定和安全运行。

4. 水坝监测

水坝作为重要的水利工程，其稳定性直接关系到周边地区安全。结构形变监测可用于监测水坝的变形、裂缝等情况，及时发现潜在危险，采取维修和加固措施。

5. 地铁隧道与地下管线监测

在城市地下交通和基础设施建设中，结构形变监测对于地铁隧道和地下管线的安全运行至关重要。及时发现地下结构的变形，可以预防地下工程可能出现的问题。

结构形变监测在建筑工程中具有重要的意义，关乎建筑物的安全性和稳定性。传统的监测方法通过测量仪器、拉线法等手段进行监测，但随着科技的发展，高新技术的引入使得结构形变监测变得更加精准、智能化和自动化。全球定位系统、激光测距仪、应变计与传感器等先进技术的应用，使得工程人员能够更及时地获取结构变形信息，从而更好地保障建筑物的安全。

二、地基沉降测量与建筑稳定性

地基沉降是指建筑物基础在使用过程中由于各种原因而发生的下沉或沉降现象。这种沉降可能由多种因素引起，包括地下水位变化、土壤压实、地下挖掘等。建筑物的地基沉降是一个常见但关键的问题，因为它直接影响到建筑物的结构稳定性和使用寿命。地基沉降测量是一种重要的工程手段，旨在及时发现和监测地基沉降情况，从而确保建筑物的稳定性和安全性。本书将深入探讨地基沉降的原因、测量方法、与建筑稳定性的关系、地基沉降测量在工程实践中的应用。

（一）地基沉降的原因

1.地下水位变化

地下水位的波动是导致地基沉降的主要原因之一。当地下水位下降时，土壤中的孔隙水会被抽取，土壤颗粒之间的支持力减小，导致地基沉降。反之，地下水位上升也可能导致土壤松弛，进而导致地基沉降。

2.土壤的压实与沉陷

土壤在承受建筑物载荷的过程中可能发生压实与沉陷，尤其是在软弱土地区。土壤的挤压变形会导致土壤体积的减小，进而引起地基沉降。

3.地下挖掘工程

进行地下挖掘工程，如地铁、地下商场等，可能改变周围土壤的力学性质，导致地基沉降。挖掘引起的土体移动可能会使建筑物基础遭受不均匀的力，从而引起沉降。

4.地基施工质量

地基施工质量直接影响到地基的稳定性。不当的施工工艺、材料选用不当等因素都可能导致地基沉降问题。

（二）地基沉降测量方法

1.常规测量方法

水准测量：通过水准仪和水准杆测量建筑物不同部位的高程，比较不同时间的测量数据，可以推测地基的沉降情况。

全站仪测量：利用全站仪对建筑物或测点进行精准测量，通过比对测量数据，分析建筑物的垂直位移，从而了解地基沉降情况。

2.先进测量技术

GNSS技术：利用全球导航卫星系统（GNSS）进行高精度测量。通过安装GNSS接收器，可以实现对建筑物或测点位置的连续监测，提供高频率、高精度的位移数据。

激光扫描技术：利用激光扫描仪对建筑物进行三维扫描，获取建筑物表面的点云数据。通过比对不同时间的扫描数据，可以分析建筑物的形变情况。

遥感技术：利用卫星遥感或无人机等遥感平台获取建筑物或区域的影像数据，通过影像处理技术实现对地基沉降的监测。遥感技术能够提供广覆盖区域的沉降信息，对于大范围地区的监测具有优势。

InSAR技术：干涉合成孔径雷达（InSAR）技术通过卫星或飞机搭载合成孔径雷达，测量同一地区在不同时间的雷达干涉图像，从而实现对地表沉降的监测。这项技术具有高时空分辨率和全天候监测的特点。

3.传感器监测系统

应变计与传感器：在建筑物关键位置安装应变计、位移传感器等，通过实时监测建筑物各部位的应变和位移，来判断地基沉降情况。

振动传感器：振动传感器可以监测建筑物振动情况，通过振动的变化间接判断地基沉降问题。

GPS 变形监测系统：利用 GPS 技术实现对建筑物或监测点的实时位移监测，提供高频率的地基沉降数据。

（三）地基沉降与建筑稳定性关系

1. 影响建筑结构稳定性

地基沉降是影响建筑结构稳定性的主要因素之一。过大或不均匀的地基沉降可能导致建筑物发生变形、裂缝等问题，严重影响建筑物的使用寿命和安全。

2. 引起建筑物结构变形

地基沉降会导致建筑物整体或局部的下沉，引起结构的变形。这种变形可能表现为墙体倾斜、地板变形、裂缝等，严重时可能影响建筑物的整体结构。

3. 诱发建筑物结构病害

地基沉降可能引发建筑物结构的各种病害，如墙体开裂、屋顶下陷、地基沉降差异性引起的结构不平衡等。这些问题不仅影响建筑物的外观美观，还可能危及结构的安全性。

4. 影响使用寿命和价值

由于地基沉降引起的建筑结构问题，不仅影响建筑物的使用寿命，还可能降低其市场价值。购房者、投资者等在选择建筑物时通常会考虑地基沉降情况，因此地基沉降对于建筑物的整体经济价值具有重要影响。

（四）地基沉降测量在工程实践中的应用

1. 工程建设前期评估

在进行工程建设前，通过地基沉降测量，可以对工程所在区域的地质特征、地下水位等进行评估，为工程设计提供必要的地基信息，从而减小地基沉降的风险。

2. 建筑物监测与维护

通过建立地基沉降监测系统，对建筑物的地基进行实时监测，及时发现沉降问题。基于监测数据，工程人员可以采取相应的维护措施，防止地基沉降对建筑物结构的不利影响。

3. 城市规划与管理

在城市规划和管理中，地基沉降数据是一个重要的参考因素。通过监测城市区域的地基沉降情况，可以制订合理的城市规划，避免在地基沉降较大的区域进行大规模建设。

4. 灾害监测与预警

地基沉降的异常情况可能与地质灾害有关，如地陷、滑坡等。建立地基沉降监测系统，可以用于地质灾害的监测与预警，提高对地质灾害的防范和应对能力。

地基沉降测量作为确保建筑物结构稳定性的关键手段，在工程实践中具有不可替代的作用。通过不同的监测技术和方法，工程人员能够及时发现地基沉降问题，采取预防和维护措施，确保建筑物的长期稳定运行。

三、结构设计中的测绘与测量技术

结构设计是建筑工程领域中至关重要的一环，其成功实施需要精确的地理信息和结构参数。测绘与测量技术在结构设计中发挥着不可替代的作用，为工程师提供了关键的地理数据和结构参数，帮助确保建筑物的稳定性、安全性和经济性。本书将深入探讨结构设计中的测绘与测量技术，包括其原理、应用领域以及对工程实践的重要性。

（一）测绘与测量技术的基本原理

1.测绘技术

（1）全球定位系统（GPS）

全球定位系统（GPS）是一种基于卫星导航的测绘技术。通过接收来自卫星的信号，GPS可以确定接收器的位置、速度和时间，提供高精度的地理位置信息。在结构设计中，GPS常用于获取建筑物或工程项目的整体坐标，为地理信息系统（GIS）提供基础数据。

（2）遥感技术

遥感技术通过卫星、航空器或地面传感器获取地表信息。这种技术可以提供大范围的地理数据，包括地形、植被、土壤等信息。在结构设计中，遥感技术可用于评估工程场地的地质特征、植被覆盖等，为设计提供基础地理数据。

2.测量技术

（1）光学测量技术

光学测量技术包括经典的测距仪、经纬仪、全站仪等。全站仪结合了光学、机械和电子技术，可用于测量水平角、垂直角和斜距，提供建筑物各部位的准确坐标。

（2）激光扫描技术

激光扫描技术利用激光束扫描建筑物表面，通过接收激光点云数据生成三维模型。这种技术可以实现对建筑物形状的高精度测量，为结构设计提供详细的几何信息。

（3）GNSS变形监测技术

全球导航卫星系统（GNSS）变形监测技术利用GNSS接收器实时监测建筑物或工程结构的变形。通过对接收器位置的连续监测，可以提供高频率、高精度的结构形变信息。

（二）测绘与测量技术在结构设计中的应用

1.地形测量与规划

地形测量是测绘与测量技术在结构设计中的首要应用之一。通过高精度的全站仪或激光扫描技术，工程师可以获取工程场地的地形信息，包括地势高差、坡度等。这些信息对于规划工程的地基、排水系统等至关重要。

2. 前期测量数据在工程规划中的决策支持

在工程规划初期，利用测绘与测量技术获取的前期测量数据可以为决策提供支持。通过分析地理信息、地形特征等，工程师能够更准确地评估工程可行性，选择最优设计方案。

3. 结构形变监测

测绘与测量技术在结构形变监测中扮演着关键角色。通过全站仪、激光扫描、GNSS 变形监测等技术，工程师可以实时监测建筑物或桥梁的形变情况，及时发现潜在的结构问题。

4. 室内测量与空间规划

在建筑室内，测绘与测量技术同样不可或缺。利用全站仪、激光扫描等技术，可以获取建筑室内的精确结构参数，为室内空间规划和设计提供基础数据。

5. 工程质量监控

测绘与测量技术在工程质量监控中有着广泛应用。通过实时监测建筑物结构的形变、变位等参数，工程师可以及时发现施工过程中的质量问题，确保工程建设的质量。

6. 地下管线与基础测绘

在建筑工程中，地下管线和基础的准确位置对于工程施工至关重要。测绘技术可以用于获取地下管线的精确位置，便于施工避让和基础施工的准确定位。

（三）测绘与测量技术对结构设计的重要性

1. 精准数据支持

测绘与测量技术提供的数据是结构设计的基础。精准的地理信息和结构参数可以帮助工程师更全面、准确地了解工程场地的地形、地貌、地质特征等。这为结构设计提供了必要的背景信息，有助于制订科学、合理的设计方案。

2. 结构形变监测

测绘与测量技术在结构形变监测中的应用，使工程师能够实时监测建筑物或桥梁的变形情况。通过连续性的监测数据，工程师可以及时发现潜在问题，采取预防措施，确保结构的稳定性和安全性。

3. 工程规划与决策支持

前期测量数据通过测绘与测量技术获取，为工程规划提供了决策支持。在规划阶段，工程师可以利用地理信息系统（GIS）分析地形、地貌、气象等数据，科学评估工程可行性，选择最佳的设计和建设方案。

4. 质量监控与施工管理

在工程施工阶段，测绘与测量技术的应用可以帮助实现质量监控和施工管理的精细化。通过实时监测工程结构的变形、测量施工进度等，工程师能够更好地掌握工程质量和进度情况，及时采取措施解决问题。

5. 室内设计与空间规划

在建筑室内，测绘与测量技术为室内设计和空间规划提供了基础数据。室内结构参数的准确测量，如房间尺寸、高度等，有助于设计师合理规划室内空间，提高空间利用效率，满足用户需求。

6. 安全性与可持续性

结构设计中的测绘与测量技术有助于提高工程的安全性和可持续性。通过监测结构形变、建筑物变位等参数，工程师可以预防潜在的结构问题，确保工程的长期安全运行。此外，准确的地理信息数据也有助于规划可持续的城市发展，合理利用土地资源。

测绘与测量技术在结构设计中发挥着不可替代的作用，为工程师提供了精准的地理信息和结构参数。通过应用先进的全球定位系统、激光扫描技术、GNSS 变形监测技术等，工程师能够获取高质量的地理数据，实现对建筑物和工程结构的精确测量与监测。

第六章　土木工程测量在施工阶段的应用

第一节　施工测量与工程质量控制

一、施工前期测量与定位

施工前期测量与定位是建筑工程中不可或缺的重要环节，它为整个施工过程提供了准确的地理信息和结构参数。在项目开始之前，通过测量与定位，工程团队能够获取有关地形、地貌、建筑物位置等关键信息，为后续设计、规划和施工提供基础数据。本书将深入探讨施工前期测量与定位的基本原理、应用领域以及其在建筑工程中的重要性。

（一）测量与定位的基本原理

1. 测量技术

（1）全站仪测量

全站仪是一种综合了光学、机械和电子技术的高精度测量仪器。通过测量水平角、垂直角和斜距，全站仪可以获取建筑物或地面上各点的三维坐标。这种测量技术在施工前期用于获取建筑物位置、地形特征等信息。

（2）激光扫描技术

激光扫描技术利用激光束扫描地面或建筑物表面，通过接收激光点云数据生成三维模型。这种技术具有高精度、高效率的特点，可用于获取建筑物的几何信息、地形特征等。

（3）GPS 定位技术

全球定位系统（GPS）是一种卫星导航系统，通过接收来自卫星的信号，能够确定接收器的位置、速度和时间。在施工前期，GPS 定位技术常用于获取广域区域的地理坐标，提供全局定位信息。

2. 定位原理

（1）地球坐标系

地球坐标系是一种用于表示地球表面位置的坐标系统，常用的有经纬度坐标系统。

经度表示东西方向的位置，纬度表示南北方向的位置。通过这种坐标系统，可以精确定位地球上任何点的位置。

（2）工程坐标系

工程坐标系是相对于工程项目的局部坐标系统。在施工前期，将地球坐标系的经纬度转换为工程坐标系的坐标，便于施工图纸的确定、建筑物的定位等。

（3）高程测量

在建筑工程中，除了水平方向的坐标，高程也是一个重要的测量参数。高程测量常用的方法包括水准测量、GPS高程测量等，用于确定建筑物或地面上各点的高程。

（二）施工前期测量与定位的应用领域

1. 地形测量与规划

施工前期的地形测量与规划是建筑工程中最基础的应用领域之一。通过全站仪、激光扫描等技术，工程师可以获取工程场地的地形、地貌等信息，为工程规划提供基础数据。

2. 建筑物定位与选址

在施工前期，选择合适的建筑物定位和选址是至关重要的决策。通过测量与定位技术，可以确定建筑物的地理坐标，确保建筑物的位置符合设计要求，同时考虑土地利用、交通便利性等因素。

3. 管线布置与地下设施规划

测量与定位技术还被广泛应用于管线布置和地下设施规划。通过激光扫描、GPS等技术，工程师可以获取地下管线、电缆等设施的位置信息，确保施工过程中不损害地下设施。

4. 环境影响评估

施工前期测量与定位技术在环境影响评估中扮演着关键角色。通过获取周边环境的地形、植被、水体等信息，工程师可以对施工可能产生的环境影响进行评估，提前采取措施减少负面影响。

5. 施工工艺与材料规划

在施工前期，测量与定位技术有助于规划施工工艺和材料的使用。通过获取施工场地的地理信息，工程师可以制订合理的施工计划，确保施工过程中的高效、安全、经济。

（三）施工前期测量与定位在建筑工程中的重要性

1. 提高工程精度

施工前期测量与定位的准确性直接影响到整个建筑工程的精度。通过高精度的全站仪、激光扫描等技术，可以提高测量的准确性，确保建筑物的位置和结构参数符合设计要求。

2. 优化建筑物布局

合理的建筑物布局对整个工程的顺利进行至关重要。通过施工前期测量与定位，工程师可以在选址阶段考虑土地的地形、地貌等因素，从而优化建筑物的布局，确保其在地理环境中的适应性和协调性。

3. 风险预防与决策支持

在施工前期，通过综合考虑地理信息，包括地形、水文、气象等因素，工程团队可以预先评估潜在风险。这有助于提前采取风险防范措施，减少在施工过程中可能遇到的问题。此外，准确的测量与定位数据为决策提供了科学的支持，有助于选择最优的建筑设计和施工方案。

4. 施工过程控制与质量保障

施工前期的测量与定位数据为整个施工过程提供了基准。施工阶段，这些数据可用于实时监测建筑物的位置、高程变化等，有助于控制施工过程，确保建筑物结构的准确性和质量。

5. 环保与可持续发展

通过施工前期的测量与定位，可以更好地考虑环境因素，包括植被、水体等。这有助于实现环保设计和施工，减少对自然环境造成不良影响，促进可持续发展。

6. 改善施工效率

准确的测量与定位数据有助于提高施工效率。在施工前期，通过高效的测量技术，可以更迅速地获取建筑物和场地的关键信息，减少不必要的测量时间，提高整体施工效率。

施工前期测量与定位作为建筑工程的基础工作，在整个工程过程中发挥着关键作用。通过高精度的测量技术，工程师能够获取准确的地理信息和结构参数，为后续的设计、规划和施工提供科学依据。随着科技的不断发展，未来施工前期测量与定位将迎来更智能、更高效的发展趋势，为建筑工程的可持续发展提供更强大的支持。

二、工程质量控制与监测

工程质量控制与监测是建筑工程管理中至关重要的环节，直接关系到工程的安全性、耐久性和可维护性。通过系统的质量控制和监测手段，可以确保工程按照设计要求和标准进行，提高施工过程的质量，降低工程风险。本书将深入探讨工程质量控制与监测的基本原理、方法、应用领域以及对建筑工程的重要性。

（一）工程质量控制与监测的基本原理

1. 质量控制的概念

工程质量控制是通过一系列的计划、实施和监控活动，以确保工程达到设计要求、标准和客户期望的一种管理过程。其基本原理是在施工过程中，通过设定合适的质量标准和控制点，及时检测和纠正潜在的质量问题，确保最终交付的工程符合预期质量水平。

2. 质量监测的概念

质量监测是在施工过程中采用各种手段和技术，对工程的各个方面进行实时、动态的监控和检测。这包括对材料、结构、施工工艺等的监测，以及对施工现场环境的监测。通过质量监测，可以及时发现和解决工程中存在的质量问题，确保工程的整体质量水平。

（二）工程质量控制与监测的方法

1. 质量控制方法

（1）质量计划制订

在工程的前期，制订详细的质量计划是质量控制的第一步。质量计划应包括对工程的整体质量目标、标准和验收标准的规定，以及具体的控制措施和责任分工。

（2）质量检查与检验

在施工过程中，进行质量检查和检验是常见的控制手段。通过定期检查和检验施工现场、材料、工程结构等，可以及时发现质量问题，确保施工符合标准。

（3）过程控制

过程控制是在施工过程中采取一系列措施，确保每个施工环节都符合质量要求。这包括对施工工艺的控制、操作规程的执行、材料的选择和使用等方面的控制。

2. 质量监测方法

（1）结构健康监测

对建筑结构的健康状态进行实时监测是质量监测的重要手段。采用传感器、激光扫描等技术，对建筑物的结构参数、形变、裂缝等进行监测，确保结构的稳定性和安全性。

（2）环境监测

环境监测包括对施工现场周边环境的监测，如噪声、震动、空气质量等。这有助于保护施工现场周边的生态环境，确保工程施工对周边环境的影响在可控范围内。

（3）材料性能监测

工程中使用的材料的性能直接影响工程的质量。通过对材料的性能进行实时监测，可以及时发现问题并进行调整。例如，混凝土的抗压强度、钢材的拉伸性能等可以通过实验室测试和现场监测进行评估。

（4）非破坏性检测

非破坏性检测是一种通过不破坏物体表面来获取其内部信息的技术手段。在工程质量监测中，非破坏性检测广泛应用于结构、材料的评估。例如，超声波检测可以用于混凝土缺陷检测，磁粉探伤用于检测钢结构的裂纹等。

（5）传感器技术

传感器技术在工程质量监测中起着关键作用。通过在结构、设备上安装传感器，可以实时监测温度、湿度、应力、变形等参数。这些传感器可以通过物联网技术实现数据的实时传输和远程监控，为工程提供更加全面的质量信息。

（三）工程质量控制与监测的应用领域

1. 建筑结构工程

在建筑结构工程中，质量控制与监测是确保建筑物结构稳定性和安全性的重要手段。通过实时监测结构的变形、裂缝情况，及时采取修复和加固措施，确保建筑物的使用寿命和安全性。

2. 土木工程

土木工程包括道路、桥梁、隧道等工程，对地基、地质、材料等方面要求严格。通过质量控制与监测，可以保证土木工程的施工质量，提高工程的耐久性和稳定性。

3. 基础设施工程

基础设施工程包括水利工程、电力工程、交通工程等，这些工程对于国家和地区的发展至关重要。通过质量控制与监测，可以确保基础设施工程的安全运行，减少因质量问题导致的事故风险。

4. 环境工程

环境工程涉及环保、水处理、大气治理等方面。质量控制与监测在环境工程中可以用于监测环境污染物、评估环境工程效果，确保环境工程的可持续发展。

5. 房地产开发

在房地产开发中，对建筑工程的质量要求较高。通过质量控制与监测，可以确保房地产项目的建筑质量，提高房屋的使用寿命和市场竞争力。

（四）工程质量控制与监测对建筑工程的重要性

1. 保障工程安全性

工程质量控制与监测可以帮助工程团队及时发现和解决结构、材料等方面的质量问题，确保工程的安全性。这对于防止工程事故、保护人员生命财产安全至关重要。

2. 提高工程耐久性

通过对材料性能、结构健康状态的实时监测，可以在工程施工和运行过程中发现潜在问题，及时进行维修和保养，提高工程的耐久性和可维护性。

3. 降低工程风险

质量控制与监测可以帮助工程团队及时发现并纠正潜在的质量问题，降低工程风险。通过对施工现场、结构、材料等方面进行全面监测，可以及时应对可能导致工程质量问题的因素。

4. 保证工程质量

工程质量直接关系到工程的使用寿命和性能。通过质量控制与监测，可以确保工程按照设计要求和标准进行，保证工程的整体质量水平，提高用户满意度。

5. 促进可持续发展

工程质量控制与监测有助于环境保护和可持续发展。通过对施工现场环境的监测，可以减少对周边生态环境的不良影响，推动工程向着更为环保和可持续的方向发展。

工程质量控制与监测是建筑工程管理中不可或缺的环节，直接关系到工程的安全性、耐久性和可维护性。通过系统的质量控制和监测手段，可以确保工程按照设计要求和标准进行，提高施工过程的质量，降低工程风险。未来，随着智能化、数字化、无人化等技术的不断发展，工程质量控制与监测将迎来更加全面、精准、可持续的发展。不仅要关注工程质量的表面问题，还要注重技术手段的不断创新，以推动建筑工程朝着更为安全、可靠、环保的方向发展。

三、施工过程中的实时测量与调整

在建筑工程领域，施工过程中的实时测量与调整是确保工程顺利进行和达到设计要求的关键。通过采用现代化的测量技术和实时调整手段，工程团队能够更准确地了解施工现场的状态，及时发现问题并进行调整，从而提高工程质量、安全性和效率。本书将深入探讨施工过程中实时测量与调整的基本原理、方法、应用领域，以及对建筑工程的重要性。

（一）实时测量与调整的基本原理

1. 实时测量的概念

实时测量是指在施工过程中通过采用各种测量手段和技术，对工程现场的各种参数进行即时监测和记录的过程。这包括对结构变形、材料性能、环境条件等方面的实时监测，以获取准确的数据支持。

2. 实时调整的概念

实时调整是指根据实时测量得到的数据，及时采取相应的措施对工程施工进行调整。这可能涉及调整施工工艺、更改材料使用、加强结构支撑等手段，以确保工程按照设计要求进行。

3. 实时测量与调整的关系

实时测量和实时调整是相互关联的过程。通过实时测量获得的数据为实时调整提供了科学依据，而实时调整的措施则反过来影响实时测量的结果。二者共同构成了一个闭环系统，确保施工过程的连续监测和及时调整。

（二）实时测量与调整的方法

1. 结构健康监测

（1）传感器监测

结构健康监测常使用各类传感器，如加速度传感器、应变计、位移传感器等，通过监测结构的振动、应变等参数，实时评估结构的健康状况。

（2）激光测距技术

激光测距技术可以用于非接触式的结构尺寸测量，如建筑物的变形、裂缝等。通过激光测距仪，可以实时获取结构的几何信息，为调整提供参考。

2. 材料性能监测

（1）实验室测试

在施工现场采集材料样本，进行实验室测试是监测材料性能的一种方式。这包括混凝土强度测试、钢材拉伸测试等，以确保使用的材料符合设计要求。

（2）无损检测技术

无损检测技术，如超声波检测、磁粉探伤等，可用于实时监测材料的内部缺陷，提前发现潜在问题并进行调整。

3. 施工工艺监测

（1）GPS 技术

全球定位系统（GPS）可用于监测施工机械的位置和移动轨迹，以确保施工过程中的准确定位。

（2）建筑信息模型（BIM）

BIM 技术可以在设计、施工和运营阶段实时共享建筑信息，有助于优化施工流程和提高效率。

（三）实时测量与调整的应用领域

1. 结构施工

在结构施工中，实时测量与调整可用于监测混凝土浇筑过程中的温度、强度，以及结构的变形情况。通过实时调整施工参数，确保混凝土的质量和结构的稳定性。

2. 土木工程

在土木工程中，实时测量与调整可用于监测地基沉降、支撑结构的变形，以及各种土木结构的施工质量。通过及时调整施工方案，确保土木工程的稳定性和安全性。

3. 道路施工

在道路施工中，通过实时测量路面平整度、厚度等参数，以及及时调整施工机械的参数，可以提高道路的平整度和耐久性。

4. 桥梁施工

在桥梁施工中，实时测量与调整可用于监测桥梁结构的变形、应力分布，以及及时调整桥梁支撑系统，确保桥梁结构安全。

5. 隧道施工

在隧道施工中，通过实时测量隧道内部的岩土应力、变形等参数，以及及时调整支护结构，确保隧道施工的稳定性和安全性。

（四）实时测量与调整的重要性

1. 提高工程质量

实时测量与调整在施工过程中的重要性主要体现在提高工程质量方面。

（1）预防问题

通过实时测量，可以提前发现可能影响工程质量的问题，如结构变形、材料缺陷等。及时采取调整措施，能够在问题发生前预防质量事故，保证工程的稳定性和可靠性。

（2）优化施工参数

实时测量为优化施工参数提供了实时数据支持。通过调整施工参数，如混凝土浇筑速度、施工机械的运行参数等，可以更好地适应施工现场的实际情况，提高工程的施工效率和质量。

2. 确保施工安全

实时测量与调整对施工安全具有重要影响。

（1）结构安全监测

对结构的实时监测可以提前发现结构变形、裂缝等问题，及时采取调整措施，确保结构的安全性。这对于防止因结构问题导致的事故具有重要意义。

（2）施工现场环境监测

通过实时监测施工现场的环境参数，如噪音、震动、空气质量等，可以保障工人的健康和安全。在环境参数超出安全范围时，可及时采取调整措施，保持施工现场的安全环境。

3. 提高施工效率

实时测量与调整有助于提高施工效率。

（1）及时发现问题

通过实时测量，问题能够更迅速地被发现，从而避免了问题的长时间存在。及时调整施工方案，保证了施工进程的顺利进行。

（2）精确控制施工质量

实时调整施工参数和工艺，有助于更精确地控制施工过程中的各个环节，从而提高施工的精度和一致性，确保施工质量的稳定性。

4. 降低工程成本

实时测量与调整还可以降低工程成本。

（1）避免重复施工

通过实时测量，可以及时发现施工质量问题，避免因施工不合格而导致重复施工，降低了人力和材料浪费。

（2）减少维修成本

通过实时监测，及时发现结构、材料等方面的问题，可以在问题恶化之前采取调整措施，降低了维修和加固的成本。

实时测量与调整在施工过程中起着不可替代的作用。通过及时获取施工现场的数据，对结构、材料、环境等方面进行实时监测，再根据监测结果进行调整，可以提高工程质量、确保施工安全、提高施工效率，同时降低工程成本。未来，随着技术的不断发展，实时测量与调整将更加智能化、数字化，注重环境友好型技术，为建筑工程的可持续发展提供更为全面和可靠的支持。

第二节　基坑、挖方与填方工程中的测量应用

一、基坑工程前期的地下测量

基坑工程是建筑工程中常见的一种施工方式，通常用于地下空间的开发和利用。基坑施工前期，地下测量是保障基坑工程顺利进行、确保工程安全的关键步骤。地下测量通过获取地下工程场地的地质、水文、地下水位等信息，为基坑工程的设计、施工和管理提供科学依据。本书将深入探讨基坑工程前期地下测量的重要性、方法、应用及未来发展趋势。

（一）基坑工程前期地下测量的重要性

1. 工程安全性

基坑工程的施工安全性是首要考虑的因素之一。地下测量可以帮助工程团队了解地下环境的特征，包括地质条件、地下水位、土层稳定性等，从而在施工前期发现潜在风险，采取有效措施确保基坑施工的安全进行。

2. 施工方案的制订

基坑工程的施工方案需要充分考虑地下条件，包括土层的性质、地下水位的情况等。通过地下测量获取的数据可以为施工方案的制订提供科学依据，使其更加符合实际情况，提高施工效率。

3. 基坑工程设计

基坑工程设计需要充分考虑地下条件对结构和施工的影响。地下测量结果为设计提供了准确的地质和水文数据，有助于设计师更好地了解地下环境，制订合理的工程设计方案。

4. 环境保护

基坑工程的施工可能对周边环境产生一定的影响，如地下水位的变动、土层的破坏等。通过地下测量，可以在施工前期对潜在的环境影响进行评估，采取相应的措施保护周边环境。

（二）基坑工程前期地下测量的方法

1. 地质勘探

地质勘探是基坑工程前期地下测量的核心环节之一。常用的地质勘探方法包括：

（1）钻孔探测

通过钻孔在地下获取土壤和岩石样本，分析其物理和力学性质，以了解地下地质结构，确定土层的性质和分布。

（2）地质雷达探测

地质雷达可以通过地下波的反射图像，识别地下不同层次的结构，提供对地下情况的立体图像。

（3）地下勘探仪器

利用地下勘探仪器，如电阻率仪、电磁仪等，对地下介质的电学和电磁特性进行测量，获取地下结构信息。

2. 水文勘探

水文勘探是为了了解地下水文情况，包括地下水位、水质等。常用的水文勘探方法有：

（1）井探测

通过井探测获取地下水位、水质等信息，同时可以监测水位的变动情况，为基坑工程的水文管理提供数据支持。

（2）泉源勘测

对周边地区的泉源进行勘测，了解可能对基坑工程产生影响的地下水源。

3. 地下水位监测

地下水位监测是基坑工程前期地下测量的重要手段。通过设置水位监测井、井管等设施，实时监测地下水位变化，为工程的设计和施工提供重要参考。

4. 地下管线探测

在基坑工程前期，需要了解地下是否存在各类地下管线，以避免对管线的损坏。地下管线探测技术可以通过电磁、雷达等手段，探测地下管线的位置和深度。

（三）基坑工程前期地下测量的应用

1. 基坑工程的合理布局

通过地下测量，可以了解土层的性质和地下水位的情况，有助于合理布局基坑工程的位置和深度，避免潜在的地下问题。

2. 基坑支护结构设计

地下测量结果为基坑支护结构的设计提供了基础数据。通过了解土层的稳定性和地下水位的影响，设计师可以制定合理的支护措施，确保基坑施工的稳定性。

3. 施工工艺调整

基于地下测量的结果，施工方可以及时调整施工工艺。例如，在发现地下水位较高的情况下，可以采取加固排水等措施，确保基坑施工过程中的排水畅通，防止地下水对施工造成干扰。

4. 地下施工风险评估

地下测量结果对于评估地下施工的风险具有重要作用。根据地下结构、地下水位等信息，进行地下施工的风险评估，制定相应的应对策略，提高施工的可控性。

5. 基坑施工的环境保护

基坑施工可能对周边环境产生一定的影响，尤其是对地下水系统的影响。通过地下测量，可以提前评估施工可能引起的环境问题，采取相应的措施，减小对环境的不良影响。

（四）未来发展趋势

1. 先进技术的应用

未来基坑工程前期的地下测量将更多地应用先进的技术，如三维地质雷达、无人机激光测绘等，提高地下测量的精度和全面性。

2. 数据集成与智能分析

未来地下测量的数据将更多地与建筑信息模型（BIM）等技术进行集成，实现多层次数据的智能分析。这将提高对地下情况的综合认知，为工程的决策提供更为科学的依据。

3. 实时监测与反馈

随着物联网技术的发展，未来地下测量将更加注重实时监测与反馈。通过实时传感器和监测系统，及时获取地下数据并实现远程监控，为工程提供及时的反馈信息。

4. 环保与可持续性

未来地下测量技术将更加注重环保与可持续性。采用低影响的地下勘探技术，减少对地下环境的干扰，同时将地下测量的数据与环境评估相结合，实现基坑工程的可持续发展。

基坑工程前期的地下测量是确保基坑工程安全、高效进行的重要步骤。通过地质勘探、水文勘探、地下水位监测等手段，可以获取关键的地下信息，为基坑工程的设计、施工和管理提供科学依据。地下测量的应用不仅能够提高基坑工程的安全性，还有助于施工方案的制订、支护结构的设计、施工工艺的调整等方面。未来，随着技术的不断发展，地下测量技术将更加智能、精准，注重环保和可持续性，为基坑工程的可持续发展提供更为全面和可靠的支持。

二、挖方与填方工程中的体积测量

挖方与填方工程是土木工程中常见的土方工程，涉及土壤的开挖（挖方）和填充（填方）两个阶段。在这个过程中，准确测量土方的体积对于工程设计、施工和管理都至关重要。本书将深入探讨挖方与填方工程中体积测量的重要性、方法、应用及未来发展趋势。

（一）挖方与填方工程中体积测量的重要性

1. 工程成本

准确测量挖方与填方的体积直接影响工程成本。过高或过低的土方量都会导致资源的浪费或不足，影响施工进度和工程的经济性。

2. 工程设计

工程设计需要准确的土方体积数据作为依据。通过体积测量，设计师能够更好地了解挖填工程的土方情况，为工程的合理设计提供支持。

3. 工程施工

在挖方与填方工程的实际施工中，土方体积的准确测量是施工计划和进度控制的基础。只有了解实际土方体积，才能制订合理的施工方案，确保工程的质量和进度。

4. 工程管理

土方体积的准确测量是工程管理的重要指标之一。通过实时监测和调整土方体积，可以更好地管理施工进程，防止资源浪费，提高工程管理的效率。

（二）挖方与填方工程中体积测量的方法

1. 传统测量方法

（1）棱台法

棱台法是传统的土方体积测量方法之一，通过对挖方或填方区域的边界进行测量，计算出土方体积。

（2）剖面法

剖面法是通过在挖填区域划定一系列垂直于地表的剖面线，通过对剖面积分，计算土方体积。

（3）平均面法

平均面法是将挖填区域划分为若干个小面，通过对各小面的平均高度进行计算，得出土方体积。

2. 先进测量技术

（1）全站仪测量

全站仪是一种高精度的测量仪器，通过激光测距和角度测量，可以实现对地面、挖方或填方区域的三维坐标测量，进而计算土方体积。

（2）GPS测量

全球卫星定位系统（GPS）可以提供精确的位置信息，结合地理信息系统（GIS）等技术，实现对土方体积的高效测量。

（3）遥感技术

遥感技术通过卫星、航空器等平台获取大范围的地表信息，可以用于挖方与填方区域的土方体积估算，尤其适用于大范围的土地开发工程。

3. 激光扫描技术

激光扫描技术通过激光雷达扫描地表，获取地形的高精度数据，可以实现对挖方与填方区域的三维模型重建，从而计算土方体积。

（三）挖方与填方工程中体积测量的应用

1. 工程量清单编制

通过挖方与填方体积的测量，可以编制详细的工程量清单，包括挖方量、填方量、运输量等，为工程的成本估算提供基础。

2. 施工进度控制

土方体积的实时测量可以用于控制施工进度。通过对挖填区域的实时监测，及时发现土方变动情况，调整施工进度和资源配置，确保施工的顺利进行。

3. 工程质量控制

挖方与填方工程的质量直接关系到工程的稳定性和安全性。通过土方体积的测量，可以对挖填区域的土质、坡度等进行精确控制，保障工程质量。

4. 工程设计优化

挖方与填方体积测量结果为工程设计的优化提供了实际依据。设计师可以根据实际土方情况，优化挖填区域的布局和坡度，提高工程的经济性和效益。

（四）未来发展趋势

1. 无人机技术的应用

随着无人机技术的不断发展，未来将更广泛地应用于挖方与填方工程中的体积测量。无人机可以快速、精确地获取大范围的地表数据，通过搭载激光雷达、相机等传感器，实现对挖填区域的高精度体积测量，提高测量的效率和精度。

2. 数据融合与智能分析

未来的体积测量将更加注重数据融合与智能分析。通过将全站仪、GPS、遥感、激光扫描等多种数据源进行融合，借助人工智能和机器学习技术，实现对挖填区域的智能分析与预测，提高测量的全面性和准确性。

3. 实时监测与反馈

未来体积测量将更加注重实时监测与反馈。利用实时传感器和监测系统，及时获取挖填区域的变动情况，实现对施工进程的实时监控，为决策提供及时反馈。

4. 环境友好与可持续性

在体积测量中，注重环境友好和可持续性将成为未来的发展趋势。采用低影响的测量技术，减少对土地和生态环境的影响，推动土方工程朝着可持续的方向发展。

挖方与填方工程中的体积测量是土木工程中一个至关重要的环节。准确的土方体积数据不仅关系工程的成本、设计和施工进度，还直接影响工程的质量和安全性。本书对挖方与填方工程中体积测量的重要性、常用方法、应用及未来发展趋势进行了深入探讨。

在当前，传统的测量方法仍然是常用手段，但先进的技术如全站仪、GPS、无人机、激光扫描等的应用将使体积测量更加高效和精准。实时监测、数据融合与智能分析等新兴技术的应用为体积测量提供了更多可能性，有助于更好地应对复杂多变的工程现实。

未来，挖方与填方工程中体积测量将朝着更智能、更实时、更环保、更可持续的方向发展。这不仅需要技术的不断创新，还需要工程管理和设计团队不断提升对新技术的应用能力，以推动土方工程的发展迈向更为可持续和高效的方向。

三、地下管线测量与冲击预防

地下管线是城市基础设施的重要组成部分，涵盖了供水、排水、燃气、电力、通信等多个领域。由于地下管线埋设深度、布设复杂，对其进行准确的测量和有效的冲击预防显得尤为重要。本书将深入探讨地下管线测量的重要性、方法、冲击预防的策略，以及未来发展趋势。

（一）地下管线测量的重要性

1. 安全保障

地下管线的准确测量是确保城市基础设施安全运行的前提。对地下管线位置、深度等信息的精确获取有助于避免施工和挖掘活动对管线造成的损害，降低事故风险。

2. 工程规划与设计

地下管线的准确位置信息对于城市规划和工程设计至关重要。合理利用地下空间、避免冲突，需要依赖准确的地下管线数据，以确保城市建设的合理性和可持续性。

3. 施工效率提升

在建设和维护城市基础设施过程中，对地下管线的准确测量有助于提高施工效率。准确的管线数据可以避免不必要的工程冲突和重复劳动，提升施工效益。

4. 资源保护

地下管线承载着城市的各项基础设施服务，包括供水、供电、通信等。通过准确测量管线，可以更好地保护这些关键资源，确保其可靠供应。

（二）地下管线测量的方法

1. 传统测量方法

（1）地下探测仪

地下探测仪通过电磁或雷达等技术，探测地下管线的位置。这是一种常用的传统测量方法，但其精度受到地下环境的复杂性影响，有一定局限性。

（2）探测钻孔

通过在地下打探测钻孔，获取地层样本，从而推断地下管线的位置和深度。这种方法精度较高，但施工成本较大，且仅适用于部分地质情况。

2. 先进测量技术

（1）GPS 和全站仪

全球卫星定位系统（GPS）和全站仪技术结合使用，可以实现对地下管线的高精度定位和测量。这种方法适用于对地下管线位置要求较高的场景。

（2）激光扫描技术

激光扫描技术通过激光雷达对地下进行扫描，生成地下管线的三维图像。这种方法能够提供较为全面和准确的地下管线信息。

（3）地理信息系统（GIS）

GIS 技术可以整合各种地理数据，包括地下管线的位置、属性等信息，实现对管线的全面管理和分析。通过 GIS，可以更好地展示地下管线网络，辅助决策和规划。

3. 无损检测技术

（1）地电阻率法

地电阻率法通过电流在地下的传播情况来识别地下物体，包括管线。这是一种无损检测的方法，对地下管线的检测具有一定优势。

（2）高频电磁法

高频电磁法可以穿透地下介质，检测地下管线。它不依赖管线材质，适用于各种管线类型的检测。

（三）地下管线冲击预防策略

1. 事前调查与规划

在任何工程项目之前，进行全面的地下管线调查与规划是至关重要的。通过获取准确的地下管线数据，规划项目施工方案，避免对已有管线的冲击。

2. 使用非破坏性技术

在进行施工、挖掘等活动时，尽量采用非破坏性技术。例如，使用水平定向钻孔技术，避免直接对地下管线进行挖掘，减小对管线的冲击风险。

3. 实施临时管线保护措施

在施工过程中，对于无法避免的地下管线，可采取临时保护措施，如加强管线周围的支护，设置警示标志，以减小施工对管线的冲击。

4. 引入智能监测系统

借助现代技术，引入智能监测系统对地下管线进行实时监测。一旦发现管线位置发生变动，系统能够及时报警并提供准确的位置信息，帮助施工方迅速采取措施，避免进一步的冲击。

5. 建立管线数据库

建立完善的管线数据库是冲击预防的基础。数据库应包含地下管线的类型、位置、深度、直径、材质等详细信息，并保持及时更新。这有助于施工方在规划施工方案时更全面地考虑地下管线的存在。

6. 培训与教育

为从业人员提供相关培训与教育，使其了解地下管线的重要性和存在的风险。培训内容可以涵盖地下管线测量方法、冲击预防策略、紧急处理措施等，提高从业人员的专业水平和应急能力。

（四）未来发展趋势

1.5G 和物联网技术应用

未来，5G 和物联网技术的广泛应用将进一步提升地下管线测量和冲击预防的水平。通过高速、低时延的通信，实现对地下监测系统的远程实时监控，更及时地发现管线冲击风险。

2. 人工智能和大数据分析

人工智能和大数据分析将成为地下管线测量和冲击预防的强大工具。通过对海量地下管线数据进行分析，可以提取规律、预测风险，实现更智能的管线管理和冲击预防。

3. 先进的地下探测技术

未来地下探测技术将更加先进，如采用更灵敏、高分辨率的传感器，结合机器学习算法，实现对地下管线的精准、高效探测，提高测量的准确性和全面性。

4.跨行业协同

在未来，不同领域的基础设施可能会更加紧密地协同工作。例如，供水、电力、通信等不同管线的信息整合，实现跨行业协同管理，从而更好地预防冲击，提高城市基础设施的整体效能。

地下管线测量与冲击预防是保障城市基础设施安全和可持续发展的重要环节。通过采用先进的测量技术，建立完善的管线数据库，实施有效的冲击预防策略，可以最大程度地减小施工和挖掘活动对地下管线造成的风险。

未来，随着5G、物联网、人工智能等技术的不断发展，地下管线测量和冲击预防将迎来更大的提升。跨行业协同管理、先进的地下探测技术的应用将进一步加强城市基础设施的可持续性和智能化水平。通过全社会的共同努力，地下管线测量与冲击预防将更好地服务于城市的建设与管理。

第三节　建筑物竖向与水平测量

一、建筑物竖向变形测量

建筑物作为人类活动的重要载体，其结构安全与稳定性一直备受关注。建筑物在使用过程中可能受到多种因素的影响，包括荷载变化、地基沉降、地震等，这些因素可能引起建筑物的竖向变形。因此，为了确保建筑物的安全运行和提前发现潜在的问题，建筑物竖向变形测量成为一项至关重要的任务。本书将深入探讨建筑物竖向变形的定义、测量方法、应用领域以及未来发展趋势。

（一）建筑物竖向变形的定义

建筑物竖向变形是指建筑物在竖直方向上发生的形状或尺寸的改变。这种变形可能是暂时性的，也可能是永久性的，其原因包括但不限于以下几个方面。

荷载变化：建筑物在使用过程中可能会承受不同方向、大小的荷载，如人员、家具、设备等，这些荷载的变化可能导致建筑物的竖向变形。

地基沉降：地基土壤的沉降是建筑物竖向变形的常见原因之一。不同地区的地基土质、水分含量等因素都会影响地基的沉降程度。

温度变化：季节性气温变化或其他原因引起的温度变化也可能导致建筑物构件的体积变化，从而引起竖向变形。

地震：强烈的地震是导致建筑物竖向变形的极端原因之一。地震引起的地面振动会导致建筑物的振动和形变。

（二）建筑物竖向变形的测量方法

为了准确测量建筑物的竖向变形，需要使用一系列先进的测量技术和仪器。以下是常用的建筑物竖向变形测量方法。

1. 光纤传感技术

光纤传感技术是一种基于光学原理的变形测量方法。将光纤布设在建筑物的关键部位，通过监测光信号的变化来实时记录建筑物的变形情况。这种方法具有高灵敏度和实时性优势，适用于长期监测。

2.GNSS（全球导航卫星系统）

全球导航卫星系统可以用于监测建筑物的空间位置和高程变化。通过在建筑物上设置 GNSS 接收器，可以实时获取建筑物的三维坐标信息，从而推断建筑物的竖向变形情况。

3. 高精度水准仪

高精度水准仪是传统的建筑物竖向变形测量仪器之一。通过在建筑物的各个测点设置水准仪，可以测量建筑物在垂直方向上的高差变化，从而得到竖向变形信息。

4. 高精度测距仪

高精度测距仪通过激光或雷达技术，测量建筑物表面到仪器的距离变化，从而实现对建筑物竖向变形的监测。这种方法精度高、响应迅速。

5. 遥感技术

遥感技术通过卫星或无人机获取建筑物的影像数据，通过比对不同时期的影像分析建筑物竖向变形。这种方法适用于大范围、全局性的建筑物监测，尤其在城市规模的监测中具有优势。

6. 结构健康监测系统

结构健康监测系统集成了多种传感器和监测技术，包括加速度计、应变计、温度传感器等。通过实时监测建筑物的各项参数，结构健康监测系统可以全面评估建筑物的状态，包括竖向变形情况。

（三）建筑物竖向变形的应用领域

1. 工程施工监测

在建筑物施工过程中，需要监测建筑物的变形情况，以确保施工的稳定性和安全性。竖向变形测量可以及时发现施工过程中的问题，采取相应的调整措施。

2. 基础设施管理

建筑物是城市基础设施的重要组成部分，特别是在大型桥梁、隧道、地铁等基础设施工程中，竖向变形的监测对于保障设施的安全运行至关重要。

3.地铁和交通系统

地铁和交通系统的隧道、桥梁等建筑物需要进行竖向变形监测，以确保地下和高架结构的安全。及时发现变形情况，有助于采取维护和修复措施，提高交通系统的可靠性。

4.历史建筑保护

对于一些具有历史价值的建筑物，尤其是古老的教堂、城墙等，需要进行定期的竖向变形监测，以保护其结构的完整性和稳定性。

5.地震灾害预警

建筑物竖向变形的监测也与地震灾害预警密切相关。在地震前，通过建筑物的变形情况可以提前发现地质运动的迹象，为人们提供逃生预警和地震后的建筑物评估提供重要数据。

（四）未来发展趋势

1.智能化与自动化

未来建筑物竖向变形测量将更加智能化和自动化。借助人工智能和机器学习技术，系统可以更准确地分析和预测建筑物变形趋势，提高监测的精度和效率。

2.多模态集成

多模态传感器的集成将成为未来的发展趋势。通过同时使用光纤传感技术、GNSS、高精度水准仪等多种传感器，可以全面监测建筑物的竖向变形，提供更为全面的数据支持。

3.网络化监测系统

建筑物竖向变形监测系统将更加向网络化发展。传感器之间的数据共享和实时传输将成为可能，使得建筑物的监测成为一个动态、实时的过程。

4.大数据分析

随着数据获取手段的提升，建筑物竖向变形监测产生的数据将变得更加庞大。大数据分析技术将成为应对海量数据的重要手段，为工程师和决策者提供更准确的建筑物状态评估。

建筑物竖向变形测量是确保建筑物结构安全性和稳定性的关键环节。通过使用先进的测量技术和监测系统，可以及时发现并响应建筑物竖向变形的问题，从而提高建筑物的安全性、可靠性和可维护性。随着科技的不断发展，建筑物竖向变形监测将更加精密、智能，为建筑工程和基础设施管理提供更强大的支持。

二、结构水平测量与调整

在建筑结构领域，水平测量与调整是确保建筑物水平度和结构稳定性的重要工作。建筑物的水平度直接关系到结构的安全性和使用性，因此对于结构水平的准确测量和调整至关重要。本书将深入探讨结构水平测量的定义、常用方法、结构水平调整策略，以及未来发展趋势。

（一）结构水平测量的定义

结构水平测量是指对建筑物或其他工程结构的水平方向上的变形和偏移进行精确测量的过程。这包括了建筑物自身的水平度，以及在施工或使用过程中由各种因素引起的水平变形。结构水平测量的目的是保持结构的稳定性、提高建筑质量，确保其在使用过程中满足安全和功能要求。

（二）结构水平测量的常用方法

1. 光学水准仪

光学水准仪是一种传统而常用的结构水平测量仪器。它基于物体视线的水平性，通过观察水平标尺上的测量刻度来确定结构的水平度。光学水准仪精度较高，适用于小范围的水平测量。

2. 自动水平仪

自动水平仪是一种通过使用陀螺仪或加速度计等传感器来实现自动水平调整的仪器。它能够快速、准确地检测和纠正结构的水平度，广泛用于建筑施工和工程测量。

3.GNSS（全球导航卫星系统）

全球导航卫星系统通过卫星定位技术，可以实现对结构位置的高精度测量。GNSS在结构水平测量中的应用主要是通过监测结构的三维坐标，从而判断结构的水平变形情况。

4. 高精度测距仪

高精度测距仪采用激光或雷达技术，通过测量结构表面到测距仪的距离，进而计算结构的水平变形。这种方法具有高精度和实时性特点，适用于不同尺度的水平测量。

5. 激光扫描技术

激光扫描技术通过激光雷达对结构进行三维扫描，生成点云数据。通过比对不同时期的点云数据，可以获取结构的水平变形信息，具有高度的精度和全面性。

6. 结构健康监测系统

结构健康监测系统集成了多种传感器，如加速度计、倾角传感器等，通过实时监测结构的水平参数，提供结构健康状态的评估。这种系统可以全天候地监测结构的水平变形。

（三）结构水平调整的策略

1. 基础处理

如果结构的水平变形主要由地基不均匀沉降引起,基础处理是一种有效的调整策略。

这可能包括地基加固、土体加固等工程措施，以保证整体结构处于水平状态。

2. 结构加固

在一些老旧建筑或因受力情况发生变化导致水平变形的情况下，结构加固是一种有效的调整策略。这可能涉及在结构中添加支撑、增强梁柱等部位，以提高结构的整体水平度。

3. 调整螺栓

对于一些小范围的水平调整，可以通过调整螺栓的方式进行。这包括通过旋转或调整结构中的螺栓，以改变结构的水平位置。这种调整方式通常用于轻型结构或需要微调场合。

4. 液压千斤顶调整

液压千斤顶调整是一种广泛应用的结构水平调整方法。通过在结构的支撑点使用液压千斤顶，可以有选择地提升或降低结构的特定部位，以实现整体水平度的调整。

5. 钢构件替换

在一些情况下，如果结构的水平变形较为严重且无法通过其他手段调整，可以考虑替换部分或全部的结构钢构件。新的结构构件可以精确制造，以确保整体结构的水平度。

6. 智能调整系统

随着科技的不断发展，智能调整系统逐渐成为结构水平调整的新趋势。这种系统集成了传感器、执行机构和控制算法，能够实现实时监测结构水平状态并进行自动调整，提高了调整的精度和效率。

（四）结构水平测量与调整的应用领域

1. 建筑施工

在建筑施工过程中，确保建筑结构的水平度是保障工程质量和安全的关键。结构水平测量与调整应用于建筑物的地基处理、结构加固等阶段，以确保建筑在各个施工阶段都保持水平状态。

2. 桥梁与隧道

对于桥梁和隧道等大型工程结构，结构水平测量与调整是确保结构安全性和使用寿命的重要手段。特别是在跨越河流、地形复杂的情况下，对结构水平的准确控制显得尤为重要。

3. 基础设施管理

城市基础设施管理中，如管道、沉降井等设施的水平状况直接影响到其正常运行和维护。通过定期的水平测量与调整，可以提前发现问题并采取措施，确保基础设施的可靠性。

4.历史建筑保护

对于一些具有历史价值的建筑，保持其原有的水平状态是历史建筑保护中的重要任务。通过结构水平测量与调整，可以有效防止历史建筑因地基沉降等因素导致的结构损害。

（五）未来发展趋势

1.智能传感技术

未来结构水平测量将更多依赖智能传感技术，如物联网、传感器网络等，以实现对结构水平状态的实时监测和数据传输。

2.数据分析与预测

结合大数据分析和机器学习技术，未来结构水平测量系统将更具预测性，能够通过历史数据和模型分析，提前预测结构水平的变化趋势。

3.自动化调整系统

智能化水平调整系统的发展将实现结构水平的自动调整，减少人工干预，提高调整的效率和准确性。

4.跨学科融合

未来结构水平测量与调整将更多涉及跨学科的融合，如结构工程、土木工程、计算机科学等，以推动该领域的发展和创新。

结构水平测量与调整是建筑工程领域中至关重要的一环，直接关系到结构的安全性、稳定性和使用寿命。通过采用先进的测量技术和智能化调整手段，可以更好地保障建筑物的水平状态。未来，随着技术的不断发展和创新，结构水平测量与调整将更加智能、精确，为建筑工程的可持续发展提供更强有力的支持。

三、建筑物立面与平面测量

建筑物的立面和平面测量是建筑工程领域中不可或缺的一环。立面测量关注建筑物垂直方向上的外观和结构，而平面测量则涵盖建筑物水平方向上的布局和结构。这两种测量对于设计、施工和维护建筑物都至关重要。本书将深入探讨建筑物立面与平面测量的定义、方法、应用领域。

（一）建筑物立面与平面测量的定义

1.立面测量

建筑物的立面是指建筑物的正面或侧面视图，展示了建筑物在垂直方向上的外观和结构。立面测量旨在准确测量建筑物的高度、宽度、窗户、门、横梁等要素，以获取建筑物外观的详细数据。

2. 平面测量

建筑物的平面是指建筑物的俯视图，展示了建筑物在水平方向上的布局和空间分配。平面测量关注建筑物的地面平面、房间布局、墙体分布等方面，为设计和施工提供了基础数据。

（二）建筑物立面与平面测量的方法

1. 传统测量方法

传统的建筑物立面与平面测量方法包括使用测量仪器，如测距仪、水平仪、经纬仪等，通过实地测量和手工绘图完成建筑物的外观和平面图的制作。这种方法费时费力，但在一些情况下仍然是有效的。

2. 激光扫描技术

激光扫描技术通过激光雷达或激光跟踪仪，对建筑物进行高精度的三维扫描。这种方法能够快速获取大量点云数据，提供详细的建筑物表面形状和结构信息，为立面和平面的测量提供了高度精确的数据。

3. 无人机航测

无人机航测是一种高效的建筑物立面和平面测量方法。通过搭载摄像机或激光雷达的无人机，可以从空中获取建筑物的影像数据，实现全方位、多角度的测量，特别适用于大范围建筑物或复杂地形的情况。

4. 建筑信息模型（BIM）

BIM 技术在建筑领域的应用越来越广泛，包括立面和平面的测量。BIM 通过构建数字化的三维模型，集成了建筑的几何形状、结构、材料等信息，为设计、施工和维护提供了全面的数据支持。

5. 全站仪技术

全站仪是一种通过激光技术进行测量的仪器，广泛应用于建筑测量领域。它可以实现对建筑物各个部位的高度、角度等参数的快速测量，为立面和平面的制作提供了高精度的数据。

（三）建筑物立面与平面测量的应用领域

1. 建筑设计

在建筑设计阶段，需要对建筑物的立面和平面进行详细的测量，以获取建筑物的尺寸、形状和结构信息。这为建筑师和设计师提供了基础数据，支持他们进行创意设计和规划。

2. 施工监测

建筑物的施工过程中需要进行立面和平面的监测，以确保建筑物的结构符合设计要求。监测可以及时发现施工中的偏差和问题，采取相应措施保证建筑物的质量。

3. 房地产开发

在房地产开发中，对土地和建筑物进行立面和平面的测量是评估土地潜力、规划建筑布局、进行投资决策的重要步骤。精准的测量数据有助于制订科学的开发计划。

4. 建筑维护和管理

对建筑物的立面和平面进行定期测量，有助于监测建筑物的老化和变化情况，提前发现可能出现的结构问题，进行维护和修复，延长建筑物的使用寿命。

5. 历史文化保护

在保护历史文化遗产时，对建筑物的立面和平面进行测量是还原历史原貌、修复古建筑的必要步骤。通过高精度的测量数据，可以更好地保护和传承历史文化。

建筑物立面与平面测量在建筑工程领域中具有重要地位，为建筑设计、施工监测、房地产开发等提供了关键的信息支持。随着技术的不断创新和发展，建筑物测量的方法将更加智能化、高效化，并更好地与其他领域进行整合。未来，建筑物立面与平面测量将在数字化、智能化的测绘领域中发挥更为重要的作用，助力建筑行业的可持续发展。

第四节　地铁、隧道与地下工程中的测量

一、地铁隧道工程前期的地质测量

地铁隧道工程是城市交通建设中的重要组成部分，其设计和施工过程中对地质条件的准确了解至关重要。前期地质测量是地铁隧道工程中不可或缺的一步，它为工程决策、风险评估和隧道设计提供了关键的地质信息。本书将深入探讨地铁隧道工程前期地质测量的意义、方法、数据分析及应用。

（一）前期地质测量的意义

1. 工程决策依据

前期地质测量为地铁隧道工程提供了重要的决策依据。通过了解地下地质条件，工程团队可以制订合理的施工方案、隧道走向和深度，以最大程度地减少地质风险，确保工程的可行性和顺利进行。

2. 风险评估与预防

地铁隧道施工涉及地下复杂的地质结构，包括不同的地层、构造体系等。通过前期地质测量，可以识别潜在的地质风险，如地层变化、岩溶、断层等，针对性地进行风险评估，并采取相应的预防措施，提高工程的安全性和稳定性。

3. 设计优化

了解地质条件有助于优化地铁隧道的设计。在前期地质测量基础上，设计团队可以调整隧道的布置、断面形状等参数，以适应地质条件的变化，提高隧道的经济效益和工程质量。

（二）前期地质测量的方法

1. 钻孔勘探

钻孔勘探是一种常用的前期地质测量方法。通过在地下进行岩土样品的采集，以及记录地层、土质的变化情况，工程团队可以获取地下结构的详细信息。不同类型的钻孔包括岩芯钻孔、土样钻孔等，可以满足不同深度和地质条件下的需求。

2. 地质雷达

地质雷达是一种无损探测地下结构的技术。它通过发送电磁波并测量反射信号来确定地下岩土层的性质和分布情况。地质雷达可以在一定程度上提供地下结构的连续性信息，是一种非侵入式的测量方法。

3. 地震勘探

地震勘探利用地下地质介质对地震波的传播特性，通过测量地震波的速度、振幅等参数来推断地下结构。地震勘探适用于对深层次地质结构的探测，尤其在复杂地质条件下具有较好的适用性。

4. 地下水位监测

地下水位的高低对地铁隧道工程有着重要影响。通过地下水位监测，可以了解地下水位的变化趋势，预测可能的涌水风险，为隧道施工提供重要参考。

5. 地球物理勘探

地球物理勘探包括重力勘探、电磁法勘探等多种技术。这些方法通过测量地球物理场的变化，推断地下结构的性质。地球物理勘探在深层次地质探测中具有一定的优势。

（三）前期地质测量数据分析与应用

1. 地层分析

通过对采集的岩土样品进行实验室测试，可以获得地质层的物理力学性质、水文地质特性等数据。地层分析有助于确定地层的强度、稳定性，为施工提供依据。

2. 地质图制作

通过整合各种地质测量数据，绘制地质图是一种直观的方式。地质图可以清晰地展示地下结构的分布情况、地质特征，为设计和施工提供直观的参考。

3. 地下水位分析

地下水位数据的分析有助于了解地下水流动的方向、速度以及可能的涌水风险。对地下水位数据进行模拟和分析，可以为隧道施工提供水文地质支持。

4. 地质风险评估

综合地质测量数据，进行地质风险评估是前期地质测量数据应用的重要环节。通过对潜在的地质风险进行定量和定性评估，有助于采取相应的风险管理措施，确保隧道施工的安全和稳定。

5. 隧道施工参数优化

地质测量数据的分析还可以用于优化隧道施工的参数。例如，了解地下岩土的力学性质可以帮助确定刀具类型和刀具的使用参数；了解地下水位可以指导排水方案的制订。这些参数的优化可以提高施工效率和降低成本。

6. 施工风险预警

通过对地质测量数据的实时监测和分析，可以实现对施工风险的预警。一旦发现地下结构的变化或地质风险的增加，施工团队可以迅速调整施工计划，采取必要的应对措施，确保隧道施工的平稳进行。

地铁隧道工程前期地质测量是确保工程安全、有效推进的基础。通过对地质条件的全面了解，工程团队可以更好地制订施工方案、管理风险、优化设计。未来，随着科技的不断发展，地铁隧道工程前期地质测量将朝着数字化、智能化、环保化的方向发展，为城市交通建设提供更可靠、高效的技术支持。

二、地下结构与隧道施工测量

地下结构是指地球内部的各种地质构造和岩土层，对于隧道工程而言，准确了解地下结构是确保施工安全、提高工程效率的关键步骤。隧道施工测量是在地下结构中进行的一项重要工作，旨在获取地下结构的几何、力学、水文等信息，为隧道的设计、施工和监测提供科学依据。本书将深入探讨地下结构与隧道施工测量的意义、常用方法、数据分析与应用。

（一）地下结构与隧道施工测量的意义

1. 工程安全性

地下结构的复杂性和不确定性是隧道施工面临的主要挑战之一。通过地下结构与隧道施工测量，可以及时发现潜在的地质风险，如断层、岩溶区等，为施工提供安全评估，减少工程事故的发生。

2. 施工方案制订

了解地下结构的空间分布和性质，有助于制订合理的施工方案。在隧道施工前，通过地下结构与隧道施工测量获取的数据，可以为隧道的走向、深度、断面设计等提供科学依据，优化施工方案，降低施工难度。

3. 地下水文影响评估

地下水位对隧道施工有着重要影响，可能导致涌水、地层塌陷等问题。通过测量地下结构中的水文信息，可以进行地下水位的评估，为合理的排水设计和施工提供参考。

（二）常用的地下结构与隧道施工测量方法

1. 钻孔勘探

钻孔勘探是获取地下结构信息的传统方法之一。通过在地下钻取岩土样品，可以对地下结构的物理性质、层序、水文地质等进行详细分析。不同类型的钻孔包括岩芯钻孔、土样钻孔等，可适用于不同的地质条件。

2. 地质雷达

地质雷达是一种无损地下结构探测的技术。它通过发送电磁波并接收反射信号，从而得知地下结构的变化。地质雷达对于检测地下断层、岩层变化等有较好效果，并且具有非侵入式的特点。

3. 地震勘探

地震勘探利用地下结构对地震波的传播进行分析，推断地下结构的性质。这种方法适用于对深部结构的探测，可以提供较为全面的地下信息。

4. 激光扫描技术

激光扫描技术通过激光雷达或激光测距仪获取地下结构的三维数据。它具有高精度、高效率的特点，尤其适用于复杂地质条件下的测量。

5. 地下水文监测

地下水文监测通过测量地下水位、水质等信息，了解地下水文环境的变化。地下水的影响常常是隧道施工中需要重点关注的问题之一，因此地下水文监测对于隧道施工测量至关重要。

（三）地下结构与隧道施工测量数据分析与应用

1. 地层分析

通过对钻孔勘探获取的岩土样品进行实验室测试，进行地层分析。地层分析可以揭示地下结构的物理力学性质、岩土的组成等，为施工提供地层参数的基础数据。

2. 三维建模与信息管理

通过采用激光扫描技术和其他先进的地下结构与隧道施工测量方法，可以构建地下结构的三维模型。三维模型有助于直观地了解地下结构的形态和空间分布，提供直观的信息管理工具。

3. 地下水文模拟

通过地下水位监测数据，进行地下水文模拟。模拟分析可以帮助了解地下水的流动规律、水位的波动情况，为隧道施工提供地下水文方面的科学依据。

4.施工监测与实时调整

在隧道施工过程中，通过实时监测地下结构的变化，对施工进行调整。实时监测有助于及时发现问题，采取相应措施，确保施工的安全和质量。

地下结构与隧道施工测量是隧道工程中至关重要的一环，直接关系到施工的安全性、效率和质量。通过不断发展的测量技术和方法，我们能够更全面、精准地了解地下结构的特征，为隧道施工提供科学依据。未来，随着技术的不断创新，地下结构与隧道施工测量将朝着数字化、智能化、环保化的方向发展，为地下工程的可持续发展提供强有力的支持。

三、地下管线与设施监测

随着城市化进程的不断加快，地下管线与设施在城市基础设施中扮演着至关重要的角色。然而，由于地下管线通常不可见，其安全性和稳定性的监测变得至关重要。地下管线与设施监测是一项综合性的工作，旨在实时获取、分析地下管线的状态信息，以保障城市的安全、高效运行。本书将深入探讨地下管线与设施监测的意义、方法、数据分析与应用。

（一）地下管线与设施监测的意义

1.城市基础设施安全

地下管线与设施监测是确保城市基础设施安全的重要手段。通过实时监测地下管线的状态，可以及时发现潜在问题，预防管线泄漏、破裂等事故，维护城市基础设施的正常运行。

2.资源利用与环境保护

合理利用地下管线资源，避免浪费，是提高资源利用效率的重要途径。通过监测地下管线的使用情况，可以优化管线布局，减少资源浪费，同时降低对环境的不良影响。

3.紧急事件应对

地下管线监测系统可以用于紧急事件的应对。一旦发生地下管线事故，监测系统可以迅速发出警报，协助相关部门及时采取紧急措施，降低事故损失。

（二）常用的地下管线与设施监测方法

1.地下雷达技术

地下雷达技术是一种广泛应用于地下管线探测的非侵入性方法。通过发射雷达信号，测量信号的反射情况，可以绘制出地下管线的位置、深度等信息，为管线监测提供实时数据。

2. 激光扫描技术

激光扫描技术利用激光雷达测量地面表面，可以快速生成地下管线的三维模型。这种技术具有高精度、高效率的特点，适用于大面积、高密度管线的监测。

3. 声波传感技术

声波传感技术通过在地下埋设传感器，利用声波的传播速度等参数来监测管线的状态。这种方法对于检测管道的流量、泄漏等问题具有一定的优势，能够实现实时监测。

4. 管线内检测技术

管线内检测技术是通过在管道内部嵌入传感器，实时监测管道的内部情况。这种技术适用于长距离、复杂管网监测，可以及时发现管道内部的异常情况。

（三）数据分析与应用

1. 实时监测与报警系统

通过对地下管线监测数据的实时分析，可以建立实时监测与报警系统。一旦监测数据超过设定的阈值，系统将发出警报，通知相关部门及时进行处理，提高事故应对的效率。

2. GIS（地理信息系统）应用

将地下管线监测数据与 GIS 相结合，可以在地图上直观展示地下管线的分布、状态等信息。这有助于城市规划、管理者更好地了解管线的状况，为决策提供科学依据。

3. 数据挖掘与分析

通过对大量监测数据进行数据挖掘和分析，可以发现隐藏在数据背后的规律和趋势。数据挖掘技术可以帮助识别管线的异常行为，预测潜在问题，并制定相应的预防措施。这种数据驱动的方法有助于提高管线监测的智能化水平。

4. 综合监测平台

建立综合监测平台是整合各类监测技术和数据的有效手段。这样的平台能够集成地下雷达、激光扫描、声波传感等多种监测手段，实现全方位、全过程的管线监测。同时，平台还可以提供数据存储、管理、共享的功能，促进多部门之间的信息交流与合作。

地下管线与设施监测作为城市基础设施管理的关键环节，对于确保城市的安全、高效运行具有重要意义。随着科技的不断发展，监测技术的不断创新，地下管线监测将朝着更为智能、精准、全面的方向发展。未来，结合物联网、无人机、人工智能等先进技术的应用，将为地下管线监测带来更多可能性，提高城市基础设施的安全性和可持续性。

第五节　水下工程测量技术

一、水下测量设备与技术

水下测量设备与技术在海洋、湖泊、河流等水域环境中发挥着关键作用。这些技术不仅用于深入了解水下地形、水质和海洋生态系统，还在海洋资源开发、水下工程施工、环境监测等领域发挥着不可替代的作用。本书将深入探讨水下测量设备与技术的种类、应用领域、数据分析与应用。

（一）水下测量设备与技术种类

1. 声纳技术

声纳技术是一种利用声波在水中传播的原理进行测量的方法。它包括单波束声纳、多波束声纳和侧扫声纳等。声纳技术可以用于水下地形测绘、鱼群检测、水文测量等方面。

2. 激光测距技术

激光测距技术通过激光束的发射和接收，测量激光在水下的传播时间，从而获取目标的距离。激光测距广泛应用于水下建筑物、沉船考古、水下洞穴等领域。

3. 摄像技术

水下摄像技术包括传统的有线摄像机和近年来发展的水下摄像无人机。这些摄像技术可以用于水下生态系统的观察、水下考古、水下管道检查等任务。

4. 磁力测量技术

磁力测量技术通过测量水下物体对地磁场的扰动来获取目标信息。这在水下地质勘探、水下矿产勘查等方面有着广泛的应用。

5. 无人潜水器（ROV）和自主水下车辆（AUV）

ROV 和 AUV 是一种可以携带各种传感器和设备，对水下环境进行高效监测的机器人。ROV 主要由操作员控制，而 AUV 则具有自主航行能力，广泛应用于深海勘探、海洋学研究等领域。

（二）水下测量技术的应用领域

1. 海洋地质与地形测绘

水下测量设备在海洋地质研究中发挥着至关重要的作用。通过声纳技术可以绘制海底地形图，帮助科学家了解海底地貌、地壳构造等信息，为海洋资源勘探提供基础数据。

2. 水下生态与生物学研究

水下摄像技术和声纳技术广泛应用于水下生态和生物学研究。科学家利用这些设备观察海洋生物的行为、数量分布、迁徙路径等，为生态环境保护和渔业资源管理提供数据支持。

3. 水下考古学

水下测量技术在水下考古学中也发挥着关键作用。通过激光测距技术和摄像技术，考古学家能够发现和研究沉船、古代港口等水下遗址，揭示人类历史的秘密。

4. 水下工程施工与检测

在海底油田开发、水下管道铺设等水下工程中，水下测量设备和技术被广泛用于完成施工监测、管道检查、设备安装等任务。ROV 和 AUV 的应用使得深海工程变得更为可行。

5. 海洋环境监测

水下测量设备用于海洋环境监测，包括海水温度、盐度、水质等参数的测量。这对了解海洋环境变化、监测海洋污染、保护海洋生态系统具有重要意义。通过定期的水下测量，科学家和环保机构能够及时发现异常情况，制定相应的保护和治理措施。

6. 水下通信与导航

水下测量设备在水下通信与导航方面也发挥着重要作用。通过声纳和无线通信技术，实现水下设备之间的通信，同时水下导航系统帮助 ROV、AUV 等设备实现自主航行。

（三）水下测量数据的分析与应用

1. 数据处理与地图生成

水下测量设备产生的海量数据需要进行有效处理和分析。利用地理信息系统（GIS）和数据处理软件，可以将水下测量数据转化为直观的地图和三维模型，为科学家和工程师提供更直观的信息。

2. 水下生物学大数据分析

水下摄像技术和声纳技术获取的水下生物学数据量巨大，需要通过大数据分析技术进行处理。机器学习算法可以用于鱼群的识别和追踪，帮助科学家更好地了解海洋生态系统的动态变化。

3. 海洋环境变化监测

水下测量设备记录的海洋环境数据可以用于监测气候变化、海水温度升降、海平面上升等现象。这为全球气候变化研究提供了宝贵数据，有助于预测未来的气候趋势。

4. 海洋资源管理

水下测量技术在海洋资源管理中发挥重要作用。通过对海底地形、海洋生态系统等信息的全面监测，有助于科学家和政府机构更好地制定海洋资源的可持续开发和管理策略。

水下测量设备与技术在海洋科学、环境监测、水下工程等多个领域都发挥着关键作用。通过技术不断创新，水下测量将在智能化、高精度、多模态融合、大数据应用等方面取得了更多突破。这将为我们更好地认识水下世界、保护水下环境、开发水下资源提供更为强大的工具和支持。

二、水下地形与水文测量

水下地形与水文测量是对水体底部地形和水文特征进行定量测量和分析的科学技术。这项工作对于深入了解水下地形、河床、湖底等地形特征，以及水体的流动、温度、盐度等水文参数具有至关重要的意义。本书将探讨水下地形与水文测量的目的、方法、应用领域、挑战与解决方案。

（一）水下地形与水文测量的目的

1. 深入了解水下地形

水下地形测量旨在获取水体底部的地形信息，包括河床、湖底、海底等的高程、形状等特征，这对于地理信息系统（GIS）、地质学和水资源管理等领域具有重要意义。

2. 监测水文参数

水文测量则侧重于监测水体的流动、温度、盐度、浊度等参数。这些参数的测量对于了解水体的动态变化、水质状况以及水文循环具有关键作用。

3. 支持水利工程和环境保护

水下地形与水文测量为水利工程、水资源管理和环境保护提供科学依据。在规划和设计水利工程、保护水体生态环境方面发挥着重要作用。

（二）水下地形与水文测量的方法

1. 声纳技术

声纳技术是最常用的水下地形测量方法之一。它通过发送声波并接收其反射来确定水下地形。单波束和多波束声纳系统能够提供不同分辨率的地形图，广泛应用于海洋学和水文学研究。

2. 遥感技术

水下遥感技术主要包括激光测深和激光散斑技术。激光测深通过测量激光在水下传播的时间来获取水下地形信息。激光散斑技术则通过激光在水下散射的方式获取地形数据。

3. 摄像技术

水下摄像技术主要应用于水文测量，通过摄像机记录水下景观的变化。这对于监测水体流动、水生生物分布等具有独特的优势。

4. 无人潜水器（ROV）和自主水下车辆（AUV）

ROV 和 AUV 携带各种传感器，可以深入水下执行测量任务。ROV 通常由操作员远程控制，而 AUV 具有自主导航能力，能够更灵活执行水下测量任务。

（三）水下地形与水文测量的应用领域

1. 海洋学研究

在海洋学中，水下地形和水文测量可用于绘制海底地形图，研究海流、洋流、海底地貌，为海洋资源勘探提供基础数据。

2. 水利工程规划与设计

水下地形与水文测量在水利工程的规划和设计中具有重要作用。了解河床、湖泊底部地形和水文特征，有助于合理规划水利工程，确保其稳定性和可持续性。

3. 环境监测与保护

水下地形与水文测量可用于监测水体污染、浊度、水温等参数，提供环境保护和水质改善的科学依据。

4. 海洋资源勘探

在海洋资源勘探中，水下地形测量有助于发现潜在的海底矿藏，而水文测量则有助于了解海洋中的物理、化学和生物特征，为海洋资源的可持续开发提供支持。

5. 地理信息系统（GIS）

水下地形与水文测量数据是地理信息系统的重要组成部分。通过将水下地形数据与其他地理数据集成，可以创建全面的地理信息系统，为城市规划、自然资源管理和环境监测等领域提供全局视角。

6. 自然灾害监测与防灾减灾

水下地形与水文测量对于自然灾害的监测和防范也具有关键作用。例如，在洪水和飓风等灾害事件中，了解水文条件和地形特征有助于制订有效的应急预案和减轻灾害影响。

（四）水下地形与水文测量的挑战与解决方案

1. 深海测量难度大

深海环境的高压、低温和无光照等特点增加了水下地形与水文测量的难度。针对深海环境，需使用专业设备，如深海探测器和自主水下车辆，以应对极端环境条件。

2. 数据处理与集成

水下地形与水文测量产生的数据庞大，需要高效的数据处理和集成技术。利用先进的地理信息系统、大数据分析和人工智能技术，可以更好地处理和分析这些数据。

3. 传感器精度与稳定性

水下环境对测量设备的传感器精度和稳定性提出了更高的要求。未来的发展方向包括提高传感器的精度、稳定性，以及研发适应更广泛水下环境的传感器技术。

4. 自主水下设备的智能化

随着技术的发展，自主水下设备的智能化水平将不断提高。通过引入先进的人工智能、机器学习算法，使水下设备具备更强的自主决策和适应能力。

水下地形与水文测量作为一项关键的水文学科技，对于深入了解水体底部地形和水文特征，为水利工程、环境保护、海洋资源开发等提供科学依据。未来，随着技术的不断发展，水下测量系统将更加智能、多模态化，全球水下监测网络的建立将推动水下地形与水文测量迈向新的阶段，为人类更好地认知和利用水下环境提供更强大的支持。

第六节　施工现场智能化与土木工程测量

一、智能化施工测量系统

随着科技的迅速发展，智能化技术在各个领域的应用日益广泛，其中包括建筑和土木工程领域。智能化施工测量系统作为一种先进的测量技术，通过集成先进的传感器、数据处理技术和人工智能算法，提高了测量的精度、效率和安全性。本书将深入探讨智能化施工测量系统的定义、原理、应用、优势。

（一）智能化施工测量系统的定义

智能化施工测量系统是一种结合传感器技术、信息处理和人工智能算法的先进测量系统。它能够实时获取建筑和土木工程中的各种数据，如地形、结构形变、建筑物的位置等，并通过智能算法进行实时分析和决策。这种系统在施工现场的应用，能够为工程管理、质量控制和安全监测提供全面支持。

（二）智能化施工测量系统的原理

1. 传感器技术

智能化施工测量系统的核心是传感器技术，包括激光测距仪、全站仪、GPS（全球定位系统）、惯性测量单元（IMU）等。这些传感器能够实时获取建筑和土木工程中各种需要测量的物理参数，如距离、角度、速度等。

2. 数据处理

获取的传感器数据需要经过复杂的数据处理，包括数据滤波、配准、校正等步骤。通过高效的数据处理技术，可以提高数据的精度和准确性。

3. 人工智能算法

智能化施工测量系统采用人工智能算法对处理后的数据进行分析和决策。这些算法可以识别特定的模式、趋势或异常，从而实现对施工现场的实时监测和管理。

（三）智能化施工测量系统的应用

1. 工地测量与监测

智能化施工测量系统在工地测量与监测方面有着广泛应用。通过实时获取地形数据、建筑结构的形变情况，系统可以帮助工程管理人员更好地了解工地的实时状态，及时发现问题并采取措施。

2. 结构健康监测

对建筑和桥梁等结构进行健康监测是智能化施工测量系统的一项重要应用。系统可以监测结构的形变、裂缝、振动等情况，帮助工程师评估结构的健康状况，及时发现潜在问题，确保结构安全。

3. 室内定位与导航

在建筑室内，智能化施工测量系统可以通过结合激光测距仪和 IMU 等传感器，实现室内的定位与导航。这在大型建筑物内部的施工、维护以及室内导航等方面有着重要的应用。

4. 土方工程量测

在土方工程中，智能化施工测量系统可以通过 GPS 和激光测距仪等传感器获取地表的高程信息，实现土方工程量的精确计算，提高土方工程的施工效率。

5. 安全监测

系统还可以应用于施工现场的安全监测。通过监测施工人员和设备的位置，结合建筑结构的健康状态，及时发现潜在的安全隐患，提高施工现场的安全性。

（四）智能化施工测量系统的优势

1. 提高测量精度

传统的测量方法可能受到人为因素的干扰，而智能化施工测量系统采用先进的传感器技术和数据处理算法，能够提高测量的精度和准确性。

2. 实时监测与决策

传感器实时获取的数据通过人工智能算法的分析，可以实现对施工现场的实时监测与决策。这使得工程管理人员能够更加及时地了解施工现场的状况，并迅速作出相应决策。

3. 提高施工效率

智能化施工测量系统的应用可以提高施工的效率。通过实时监测施工现场的各种数据，工程师可以更好地协调施工流程，避免浪费和延误，提高整体的施工效率。

4. 减少人力投入

传统的测量工作通常需要大量的人力投入，而智能化施工测量系统的应用可以减少对人力的依赖。系统的自动化和智能化特性使得在施工测量中能够更有效地完成任务，减轻了人工测量的负担，从而提高了工作效率。

5. 安全性提升

通过对施工现场的实时监测，智能化施工测量系统有助于提升工地的安全性。能够及时检测到潜在的安全风险，为工作人员提供实时的安全提示，降低事故发生的概率，提高工程的安全水平。

6. 数据可视化

智能化施工测量系统生成的数据可以通过可视化手段呈现，如图表、三维模型等。这种数据可视化有助于工程管理人员更直观地了解施工现场的状况，更好地进行决策和规划。

智能化施工测量系统作为建筑和土木工程领域的创新技术，为施工现场的测量与监测提供了全新的解决方案。通过传感器技术、数据处理和人工智能算法的结合应用，系统在提高测量精度、实时监测、安全性、工作效率等方面发挥了重要作用。

随着技术的不断发展，智能化施工测量系统将迎来更多的机遇和挑战。未来的发展趋势将包括人工智能算法的进一步应用、传感器技术的创新、与其他技术的融合、实时监测与预测能力的提升以及数字化施工平台的完善。这将为建筑和土木工程领域的管理和施工提供更强大、高效的工具，推动整个行业朝着数字化、智能化方向发展。

二、人工智能在施工测量中的应用

人工智能（Artificial Intelligence, AI）作为一项先进的技术，在建筑和土木工程领域中的应用日益广泛。其中，人工智能在施工测量领域的应用不仅提高了测量的精度和效率，还带来了新的解决方案和创新。本书将深入探讨人工智能在施工测量中的应用，涵盖其原理、方法、优势。

（一）人工智能在施工测量中的原理

1. 机器学习

机器学习是人工智能的一个分支，通过让计算机从数据中学习规律和模式，以实现智能决策和预测。在施工测量中，机器学习可以通过对历史测量数据的学习，预测未来的测量结果，并优化测量过程。

2. 深度学习

深度学习是机器学习的一种形式，通过模拟人脑神经网络的结构，实现对复杂数据的高级抽象和分析。在施工测量中，深度学习可用于图像识别、目标检测等任务，提高对施工现场的感知和理解能力。

3. 自然语言处理

自然语言处理是使计算机能够理解、解释和生成人类语言的技术。在施工测量中，自然语言处理可用于处理文档、合同等大量文字信息，提高信息提取的效率和准确性。

（二）人工智能在施工测量中的方法

1. 图像识别与处理

人工智能通过图像识别技术可以自动识别施工现场的各种要素，如建筑结构、设备、人员等。图像处理技术可以对施工现场的图像进行分析，实现对建筑结构、材料使用等方面的监测。

2. 智能传感器应用

智能传感器配合人工智能算法，可以实现对施工现场各种物理量的实时监测，如温度、湿度、振动等。这些智能传感器可以自动采集数据，并通过人工智能算法进行分析，提供实时的施工现场状态信息。

3. 机器学习优化测量方案

机器学习可用于优化施工测量方案。通过分析历史测量数据，机器学习算法可以找到最优的测量路径、参数设置等，提高施工测量的效率和准确性。

4. 数据挖掘与分析

人工智能可以通过数据挖掘技术发现施工测量数据中的潜在规律和关联性，这有助于工程师更好地理解施工过程中的变化趋势，提前发现可能的问题并制订相应的解决方案。

（三）人工智能在施工测量中的应用领域

1. 结构健康监测

人工智能可用于结构健康监测，通过对建筑结构的传感器数据进行实时分析，检测裂缝、位移等问题，并提供实时的结构健康状态。

2. 土方工程量测

在土方工程中，人工智能可以通过机器学习算法，对地形、土方量等数据进行分析，实现对土方工程量的自动测算和监测。

3. 室内定位与导航

人工智能结合传感器技术，可以在建筑室内实现室内定位与导航。这对于施工现场人员的定位和导航具有重要意义。

4. 安全监测

人工智能在施工安全监测中的应用也日益增多。通过分析施工现场的图像或传感器数据，可以实现对施工人员的行为、安全区域的监测，提高施工现场的安全性。

5. 施工过程优化

通过对施工过程中的数据进行分析，人工智能可以优化施工计划、资源调度等方面，提高整体施工效率。

（四）人工智能在施工测量中的优势

1. 提高测量精度

人工智能在施工测量中能够通过机器学习和深度学习技术，提高测量的精度和准确性，减少人为误差。

2. 实时性与自动化

人工智能可以实现对施工现场的实时监测与自动化测量。传感器采集的数据可以即时传到人工智能系统，实现对施工过程的实时监控和反馈。

3. 大数据处理能力

人工智能在处理大量施工测量数据方面具有出色的能力。通过数据挖掘和分析，可以从海量数据中提取有价值的信息，为决策提供更充分的支持。

4. 降低人力成本

自动化的施工测量系统减少了对人力的需求，通过减少手动操作，降低了人力成本，这使得施工过程更加经济高效。

5. 智能决策与优化

基于机器学习的智能算法使得系统能够自动学习并进行智能决策。在施工测量中，系统可以根据历史数据进行学习，并优化测量方案，提高施工效率。

6. 安全性提升

应用人工智能在施工现场的安全监测中，系统能够实时识别潜在的安全隐患，提供预警信息，从而降低事故发生的风险，提高施工现场的安全水平。

人工智能在施工测量中的应用正逐渐改变着传统的施工方式。通过图像识别、机器学习、深度学习等技术的应用，使施工测量变得更为精准、高效、智能。人工智能的应用不仅提高了测量质量，还降低了成本，增强了施工现场的安全性。

未来，随着技术的不断发展，人工智能在施工测量中的应用将迎来更多的机会。强化深度学习的应用、多模态数据融合、实时监测与反馈、可视化技术的整合等将成为未来发展的重要方向。同时，随着对数据隐私和安全性的关注不断增加，相关法规和技术将得到进一步完善。

综合而言，人工智能在施工测量中的应用将持续推动建筑和土木工程领域的创新发展，为工程管理提供更为智能、高效的解决方案，助力建设更安全、可持续的未来。

参考文献

[1] 胡伍生，潘庆林．新世纪土木工程专业系列教材 十二五江苏省高等学校重点教材 土木工程测量 第 6 版 [M]．南京：东南大学出版社，2022．

[2] 杨国范，高振东．普通测量学 第 2 版 [M]．北京：中国农业大学出版社，2022．

[3] 刘茂华．高等学校规划教材 土木工程测量 [M]．北京：化学工业出版社，2022．

[4] 王岩．高等学校规划教材 土木工程测量实训教程 [M]．北京：化学工业出版社，2022．

[5] 王金玲．全国高职高专工程测量技术专业系列教材 测量学基础 第 3 版 [M]．北京：中国电力出版社，2022．

[6] 肖争鸣，黄小雁．高等学校土建类学科专业十四五系列教材 土木工程测量 [M]．北京：中国建筑工业出版社，2022．

[7] 林卉，王志勇．摄影测量学基础 第 2 版 [M]．徐州：中国矿业大学出版社，2022．

[8] 徐广翔，赵世平．高等学校工程管理专业应用型系列教材 测量学 [M]．北京：中国建筑工业出版社，2022．

[10] 陆付民，李利．十四五普通高等教育本科系列教材 工程测量 第 3 版 [M]．北京：中国电力出版社，2022．

[11] 胡伍生．土木工程测量学 第 3 版 [M]．南京：东南大学出版社，2021．

[12] 戴卿，常允艳，郭涛．土木工程测量 [M]．成都：西南交通大学出版社，2021．

[13] 周拥军，陶肖静，寇新建．现代土木工程测量 [M]．上海：上海交通大学出版社，2021．

[14] 李少元，梁建昌．工程测量 [M]．北京：机械工业出版社，2021．

[15] 杨胜炎．建筑工程测量 [M]．北京：北京理工大学出版社，2021．

[16] 臧立娟，王民水．测量学实验实习指导 [M]．武汉：武汉大学出版社，2021．

[17] 徐兴彬，喻怀义．测量基础与实训 [M]．武汉：华中科技大学出版社，2021．

[18] 李建成．测绘学科和专业发展战略研讨会征文汇编 [M]．武汉：武汉大学出版社，2021．